电类专业通用教材系列

# 组态控制技术

## （MCGS嵌入版）

王　洪　常　芳　唐中武　主　编
蔡义军　姚永辉　廖书琴　副主编

知识产权出版社
全国百佳图书出版单位
北京

**图书在版编目（CIP）数据**

组态控制技术：MCGS嵌入版/王洪，常芳，唐中武主编. —北京：知识产权出版社，2021.1
ISBN 978-7-5130-7382-0

Ⅰ.①组… Ⅱ.①王… ②常… ③唐… Ⅲ.①自动控制—职业教育—教材 Ⅳ.①TP273

中国版本图书馆CIP数据核字（2020）第269195号

**内容简介**

本书根据职业教育的特点和培养适应生产、建设、管理、服务第一线需要的技能型人才的目标要求，以实践项目为导向，以北京昆仑通态自动化软件科技有限公司MCGS嵌入版组态软件为对象编写。全书以理论知识够用为度，以实践操作为重点，共分5个单元、14个课题，结合实际工程案例，提供了具体的实训项目，体现了"做中学、学中做"的特点。本书还配备微课视频，为读者学习提供了方便。

本书适合高职高专院校和各类职业学校机电一体化技术、电气自动化技术、电类等相关专业使用，也可作为自动化技术人员的参考资料和企业岗前培训教材。

责任编辑：张雪梅　　　　　　　　责任印制：刘译文
封面设计：曹　来

**组态控制技术（MCGS嵌入版）**
ZUTAI KONGZHI JISHU（MCGS QIANRUBAN）
王　洪　常　芳　唐中武　主　编
蔡义军　姚永辉　廖书琴　副主编

| | | | | |
|---|---|---|---|---|
| 出版发行：知识产权出版社有限责任公司 | | 网　　址：http://www.ipph.cn | | |
| 电　话：010-82004826 | | 　　　　　http://www.laichushu.com | | |
| 社　　址：北京市海淀区气象路50号院 | | 邮　　编：100081 | | |
| 责编电话：010-82000860 转8171 | | 责编邮箱：laichushu@cnipr.com | | |
| 发行电话：010-82000860 转8101 | | 发行传真：010-82000893 | | |
| 印　　刷：三河市国英印务有限公司 | | 经　　销：各大网上书店、新华书店及相关专业书店 | | |
| 开　　本：787mm×1092mm　1/16 | | 印　　张：10.5 | | |
| 版　　次：2021年1月第1版 | | 印　　次：2021年1月第1次印刷 | | |
| 字　　数：230千字 | | 定　　价：48.00元 | | |

ISBN 978-7-5130-7382-0

# 前　言

本书根据职业教育的特点和培养适应生产、建设、管理、服务第一线需要的技能型人才的目标要求，以实践项目为导向，以北京昆仑通态自动化软件科技有限公司MCGS嵌入版组态软件为对象编写。

本书适合高职高专院校和各类职业学校机电一体化技术、电气自动化技术、电类等相关专业使用，也可作为自动化技术人员的参考资料和企业岗前培训教材。

本书的编写坚持"以就业为导向，能力为本位"，充分体现任务引领、实践导向的课程设计思想，结合实际工程案例，提供具体的实训项目，以5个单元、14个课题贯穿而成。本书内容简明、实用，编写中采用图文并茂、深入浅出的表达方式，体现了"做中学、学中做"的特点，力求使学生学得会、会得明白，注重提高学生分析问题、解决问题的能力。

本书由湖南潇湘技师学院/湖南九嶷职业技术学院王洪、常芳和衡阳技师学院唐中武任主编，蔡义军、姚永辉、廖书琴任副主编。全书由王洪负责结构的安排及统稿，并编写单元4，常芳编写单元3，唐中武编写单元5，蔡义军编写单元1，姚永辉编写单元2，廖书琴编辑全书插图及微课视频。在本书编写过程中，得到了湖南潇湘技师学院/湖南九嶷职业技术学院、衡阳技师学院的大力支持，同时参考了一些书刊，并引用了一些资料，难以一一列举，在此一并表示衷心的感谢。

由于编者水平有限，编写经验不足，加之编写时间仓促，虽多次修改，但不足之处仍在所难免，恳请广大读者提出宝贵的意见。

# 目　　录

单元 1　组态技术概述 ·········································································· 1

单元 2　MCGS 嵌入版组态软件安装与触摸屏 ········································· 9

单元 3　MCGS 嵌入版组态软件的基本应用 ············································ 17

　　课题 3.1　三相异步电动机正反转控制 ··········································· 17

　　　　3.1.1　工程任务要求与设计思路 ············································· 17

　　　　3.1.2　PLC 程序设计 ···························································· 18

　　　　3.1.3　触摸屏组态控制设计 ·················································· 19

　　　　3.1.4　连机运行 ·································································· 28

　　　　3.1.5　实训操作 ·································································· 29

　　课题 3.2　三相异步电动机 Y-△降压启动控制 ································· 31

　　　　3.2.1　工程任务要求 ···························································· 32

　　　　3.2.2　工程任务分析 ···························································· 32

　　　　3.2.3　PLC 程序设计 ···························································· 32

　　　　3.2.4　触摸屏组态控制设计 ·················································· 33

　　　　3.2.5　连机运行 ·································································· 39

　　　　3.2.6　实训操作 ·································································· 40

　　课题 3.3　三相异步电动机延时启停控制 ········································ 42

　　　　3.3.1　工程任务要求 ···························································· 42

　　　　3.3.2　工程任务分析 ···························································· 43

　　　　3.3.3　PLC 程序设计 ···························································· 43

　　　　3.3.4　触摸屏组态控制设计 ·················································· 45

　　　　3.3.5　连机运行 ·································································· 50

　　　　3.3.6　实训操作 ·································································· 51

　　课题 3.4　三相异步电动机顺序启动逆序延时停止控制 ···················· 53

　　　　3.4.1　工程任务要求 ···························································· 54

　　　　3.4.2　工程任务分析 ···························································· 54

　　　　3.4.3　PLC 程序设计 ···························································· 54

　　　　3.4.4　触摸屏组态控制设计 ·················································· 55

　　　　3.4.5　连机运行 ·································································· 60

　　　　3.4.6　实训操作 ·································································· 60

　　课题 3.5　多界面控制工程 ························································· 63

　　　　3.5.1　工程任务要求 ···························································· 63

　　　　3.5.2　工程任务分析 ···························································· 63

　　　　3.5.3　PLC 程序设计 ···························································· 63

　　　　3.5.4　触摸屏组态控制设计 ·················································· 64

　　　　3.5.5　连机运行 ·································································· 71

　　　　3.5.6　实训操作 ·································································· 71

**单元 4　MCGS 嵌入版组态软件的动态画面组态** ························· 74

　　**课题 4.1　道路交通灯控制** ·································· 74

　　　　4.1.1　脚本程序 ······································ 74

　　　　4.1.2　工程任务要求 ·································· 78

　　　　4.1.3　PLC 程序设计 ·································· 79

　　　　4.1.4　触摸屏组态控制设计 ···························· 80

　　　　4.1.5　循环脚本程序编写 ······························ 87

　　　　4.1.6　连机运行 ······································ 88

　　　　4.1.7　实训操作 ······································ 88

　　**课题 4.2　水塔自动供水系统控制** ······················ 91

　　　　4.2.1　工程任务要求 ·································· 91

　　　　4.2.2　PLC 程序设计 ·································· 92

　　　　4.2.3　触摸屏组态控制设计 ···························· 92

　　　　4.2.4　循环脚本程序编写 ······························ 98

　　　　4.2.5　连机运行 ······································ 98

　　　　4.2.6　实训操作 ······································ 98

　　**课题 4.3　多种液体混合搅拌系统控制** ·················· 101

　　　　4.3.1　工程任务要求 ·································· 101

　　　　4.3.2　PLC 程序设计 ·································· 102

　　　　4.3.3　触摸屏组态控制设计 ···························· 103

　　　　4.3.4　循环脚本程序编写 ······························ 108

　　　　4.3.5　连机运行 ······································ 109

　　　　4.3.6　实训操作 ······································ 109

　　**课题 4.4　三级传送带控制** ··························· 112

　　　　4.4.1　工程任务要求 ·································· 112

　　　　4.4.2　PLC 程序设计 ·································· 113

　　　　4.4.3　触摸屏组态控制设计 ···························· 113

　　　　4.4.4　循环脚本程序编写 ······························ 118

　　　　4.4.5　连机运行 ······································ 120

　　　　4.4.6　实训操作 ······································ 120

　　**课题 4.5　生产线机械手控制** ························· 123

　　　　4.5.1　工程任务要求 ·································· 123

　　　　4.5.2　PLC 程序设计 ·································· 124

　　　　4.5.3　触摸屏组态控制设计 ···························· 124

　　　　4.5.4　循环脚本程序编写 ······························ 128

　　　　4.5.5　连机运行 ······································ 128

　　　　4.5.6　实训操作 ······································ 129

**单元 5　MCGS 嵌入版组态软件的数据报表与曲线、报警与安全管理的应用** ········· 131

　　**课题 5.1　数据报表与曲线** ··························· 131

　　　　5.1.1　数据报表 ······································ 131

　　　　5.1.2　曲线 ·········································· 138

5.1.3　实训操作 ……………………………………………………… 143

**课题 5.2　报警与安全机制** ……………………………………………… 145

5.2.1　报警 …………………………………………………………… 145

5.2.2　安全机制 ……………………………………………………… 148

5.2.3　工程安全管理 ………………………………………………… 153

5.2.4　实训操作 ……………………………………………………… 154

**主要参考文献** ……………………………………………………………… 157

# 单元  组态技术概述

📖 **学习目标**

1. 了解组态软件的发展历程。
2. 了解常用的组态软件。
3. 了解 MCGS 嵌入版组态软件的功能、特点和组成。

组态软件又称为组态监控系统软件，是一种通过灵活的组态方式，为用户提供快速构建工业自动控制系统具有监控功能的、通用层次的专用软件工具。组态软件是在信息化社会的大背景下随着工业信息技术的不断发展而诞生、发展起来的，广泛应用于机械、汽车、石油、化工、造纸、水处理及过程控制等领域。

当前，组态控制技术已成为自动化控制中重要的组成部分，发展突飞猛进。了解和掌握组态控制软件和触摸屏技术是自动化技术人员的必备技能。

## 1. 组态软件发展历程

20 世纪 40 年代，大多数工业生产过程还处于手工操作状态，人们主要凭经验、用手工方式去控制生产过程，生产过程中的关键参数靠人工观察，生产过程中的操作也靠人工去执行，劳动生产率很低。

20 世纪 50 年代前后，一些工厂、企业的生产过程实现了仪表化和局部自动化。当时，生产过程中的关键参数普遍采用基地式仪表和部分单元组合仪表（多数为气动仪表）等进行显示。进入 20 世纪 60 年代，随着工业生产和电子技术的不断发展，人们开始大量采用气动、电动单元组合仪表甚至组装仪表对关键参数进行显示，计算机控制系统开始应用于过程控制，实现了直接数字控制和设定值控制等。

20 世纪 70 年代，随着计算机的开发、应用和普及，对全厂或整个工艺流程的集中控制成为可能，集散型控制系统（DCS）随即问世。集散型控制系统是把自动化技术、计算机技术、通信技术、故障诊断技术、冗余技术和图形显示技术融为一体的装置。"组态"的概念就是伴随着集散型控制系统的出现走进工业自动化应用领域，并开始被广大的生产过程自动化技术人员所熟知的。

早期的组态软件大都运行在 DOS 环境下，其特点是具有简单的人机界面、具备图库和绘图工具箱等基本功能，但图形界面的可视化功能不强。随着微软 Windows 操作系统的发展和普及，Windows 下的组态软件成为主流。

如今，世界上有不少专业厂商生产和提供各种组态软件产品，市面上的软件产品种类繁多、各有所长，应根据实际工程需要加以选择。

**2. 组态软件的功能**

1）可以读写不同类型的 PLC、仪表、智能模块和板卡，采集工业现场的各种信号，从而对工业现场进行监视和控制。

2）可以以图形和动画等直观、形象的方式呈现工业现场信息，以方便对控制流程的监视；也可以直接对控制系统发出指令、设置参数，干预工业现场的控制流程。

3）可以将控制系统中的紧急工况（如报警等）通过软件界面、电子邮件、手机短信、即时消息软件、声音和计算机自动语音等多种方式及时通知相关人员，使之及时掌控自动化系统的运行状况。

4）可以对工业现场的数据进行逻辑运算和数字运算等处理，并将结果返回给控制系统。

5）可以对从控制系统得到的及自身产生的数据进行记录存储。在系统发生事故和故障的时候，可以利用记录的运行工况数据和历史数据对系统故障原因等进行分析定位。通过对数据的质量统计分析，还可以提高自动化系统的运行效率，提升产品质量。

6）可以将工程运行的状况、实时数据、历史数据、警告和外部数据库中的数据及统计运算结果制作成报表，供运行和管理人员参考。

7）可以提供多种手段让用户编写自己需要的具有特定功能的程序，并与组态软件集成为一个整体运行。

8）可以为其他应用软件提供数据，也可以接收数据，从而将不同的系统关联整合在一起。

9）多个组态软件之间可以互相联系，提供客户端和服务器架构，通过网络实现分布式监控，从而实现复杂的大系统监控。

10）可以将控制系统中的实时信息送入管理信息系统，也可以接收来自管理系统的管理数据，根据需要干预生产现场或过程。

11）可以对工程的运行实现安全级别、用户级别的管理设置。

12）能适应多种语言界面的监控系统，实现工程在不同语言之间的自由灵活切换。

13）可以实现远程监控。

**3. 组态软件的特点**

**（1）功能强大**

组态软件提供了丰富的编辑和作图工具，大量的工业设备图符、仪表图符及趋势图、历史曲线、数据分析图等，以及十分友好的图形化用户界面（Graphics User Interface，GUI），包括一整套 Windows 风格的窗口、菜单、按钮、信息区、工具栏、滚动条等，画面丰富多彩，为设备的正常运行、操作人员的集中监控提供了极大的方便；具有强大的通信功能和良好的开放性，组态软件向下可以与数据采集硬件通信，向上可与管理网络互联。

（2）简单易学

使用组态软件不需要掌握太多的编程语言技术，甚至不需要编程技术，根据工程实际情况，利用其提供的底层设备（PLC、智能仪表、智能模块、板卡、变频器等）的 I/O 驱动、开放式的数据库和界面制作工具就能完成一个具有动画效果、可实时处理数据、历史数据和曲线并存、具有多媒体功能和网络功能的复杂工程。

（3）扩展性好

组态软件开发的应用程序，当现场条件（包括硬件设备、系统结构等）或用户需求发生改变时，不需要太多的修改就可以方便地完成软件的更新和升级。

（4）实时多任务

在组态软件开发的项目中，数据采集与输出、数据处理与算法实现、图形显示及人机对话、实时数据的存储、检索管理、实时通信等多个任务可以在同一台计算机上同时运行。组态控制技术是计算机控制技术发展的结果，采用组态控制技术的计算机控制系统最大的特点是从硬件到软件开发都具有组态性，因此极大地提高了系统的可靠性和开发速率，降低了开发难度，而且其可视化、图形化的管理功能方便了生产管理与维护。

4. 常见的组态软件

（1）In Touch 组态软件

In Touch 组态软件是英国英维思（Invensys）公司的子公司 Wonderware 的产品，是最早进入我国的组态软件。早期的 In Touch 软件采用 DDE 方式与驱动程序通信，性能较差，最新的 In Touch 7.0 版已经完全基于 32 位的 Windows 平台，并且提供了 OPC（OLE for Process Control，用于过程控制的 OLE）计算机支持。

（2）WinCC 组态软件

WinCC 组态软件是德国西门子公司的产品，也是一套完备的组态环境，它提供类 C 语言的脚本，包括一个调试环境。WinCC 内嵌 OPC 计算机支持，并可对分布式系统进行组态，但 WinCC 的结构较复杂，难以掌握。

（3）Force Control（力控）组态软件

Force Control（力控）组态软件是北京三维力控科技有限公司推出的一款工业组态软件，由实时数据库、设备通信服务程序、网络通信程序、HMI 画面、SDK 接口、Web 应用服务、数据存储和转发等功能模块组成，可以广泛地应用于油气、化工、煤炭、电力、环保、能源管理、智能建筑等领域。

（4）King View 组态软件

King View（组态王）组态软件是北京亚控科技发展有限公司推出的工业组态软件，它提供了资源管理器式的操作主界面，并提供了以汉字作为关键字的脚本语言支持，以多种硬件驱动程序。

（5）MCGS 组态软件

MCGS 组态软件是北京昆仑通态自动化软件科技有限公司研发的一套基于 Windows 平台的、用于快速构造和生成上位机监控系统的组态软件系统，主要完成现场数据的采集与监测、前端数据的处理与控制。

MCGS 组态软件包括三个版本，分别是网络版、通用版和嵌入版。本书以应用领域比较广泛的 MCGS 嵌入版组态软件为例，介绍组态软件在工业监控系统中的应用。

5. MCGS 嵌入版组态软件

MCGS 嵌入版是在 MCGS 通用版的基础上组态的，专门应用于嵌入式计算机监控系统。MCGS 嵌入版包括组态环境和运行环境两部分，它的组态环境能够在基于 Microsoft 的各种 32 位 Windows 平台上运行，运行环境则是在实时多任务嵌入式操作系统 WindowsCE 中运行。其适应于应用系统对功能、可靠性、成本、体积、功耗等综合性能有严格要求的专用计算机系统，通过对现场数据的采集处理，以动画显示、报警处理、流程控制和报表输出等多种方式向用户提供解决实际工程问题的方案，在自动化领域有着广泛的应用。此外，MCGS 嵌入版还带有一个模拟运行环境，用于对组态后的工程进行模拟测试，方便用户对组态过程的调试。

（1）MCGS 嵌入版组态软件的主要功能

1）简单、灵活的可视化操作界面。MCGS 嵌入版采用全中文、可视化、面向窗口的组态界面。以窗口为单位，构造用户运行系统的图形界面，使得 MCGS 嵌入版的组态工作既简单直观又灵活多变。

2）实时性强，有良好的并行处理性能。MCGS 嵌入版在执行数据采集、设备驱动和异常处理等关键任务时，可在主机运行周期内插空进行对象打印数据一类的非关键性工作，实现并行处理。

3）丰富、生动的多媒体画面。MCGS 嵌入版以图像、图符、报表、曲线等多种形式为操作员及时提供系统运行中的状态、品质及异常报警等相关信息，用大小变化、颜色改变、明暗闪烁、移动翻转等多种手段增强画面的动态显示效果，对图元、图符对象定义相应的状态属性，实现动画效果。MCGS 嵌入版还为用户提供了丰富的动画构件，每个动画构件都对应一个特定的动画功能。

4）完善的安全机制。MCGS 嵌入版提供了良好的安全机制，可以为多个不同级别的用户设定不同的操作权限。此外，MCGS 嵌入版还提供了工程密码功能，以保护组态者的成果。

5）强大的网络功能。MCGS 嵌入版具有强大的网络通信功能，支持串口通信、Modem 串口通信和以太网 TCP/IP 通信，不仅可以方便、快捷地实现远程数据传输，还可以与网络版相结合，通过 Web 浏览功能实现设备管理和企业管理的集成。

6）多样化的报警功能。MCGS 嵌入版提供了多种不同的报警方式，具有丰富的报警类型，方便用户进行报警设置，并且系统能够实时显示报警信息，对报警数据进行应答，为工业现场安全、可靠的生产运行提供有力的保障。

7）实时数据库为用户分步组态提供了极大的方便。MCGS 嵌入版由主控窗口、设备窗口、用户窗口、实时数据库和运行策略五个部分构成，其中实时数据库是一个数据处理中心，是系统各个部分及其各种功能性构件的公用数据区，是整个系统的核心。各个部件独立地向实时数据库输入和输出数据，并完成自己的差错控制。在生成用户应用系统时，每一部分均可分别进行组态配置，独立建造，互不相干。

8）支持多种硬件设备。MCGS 嵌入版针对外部设备的特征，设立设备工具箱，定义多种设备构件，建立系统与外部设备的连接关系，赋予相关的属性，实现对外部设备的驱动和控制。用户在设备工具箱中可方便地选择各种设备构件。不同的设备对应不同的构件，所有的设备构件均通过实时数据库建立联系，而其建立联系时又是相互独立的，即对某一构件的操作或改动不影响其他构件和整个系统的结构。

9）方便控制复杂的运行流程。MCGS 嵌入版开辟了"运行策略"窗口，用户可以选用系统提供的具备各种条件和功能的策略构件，用图形化的方法和简单的类 Basic 语言构造多分支的应用程序，按照设定的条件和顺序，操作外部设备，控制窗口的打开或关闭，与实时数据库进行数据交换，实现自由、精确地控制运行流程，同时也可以由用户创建新的策略构件，扩展系统的功能。

10）良好的可维护性。MCGS 嵌入版系统由五大功能模块组成，主要的功能模块以构件的形式来构造，不同的构件有着不同的功能，且各自独立。三种基本类型的构件（设备构件、动画构件、策略构件）完成了 MCGS 嵌入版系统三大部分（设备驱动、动画显示和流程控制）的所有工作。

11）用自建文件系统来管理数据存储，系统可靠性更高。由于 MCGS 嵌入版不再使用 ACCESS 数据库来存储数据，而是使用了自建的文件系统来管理数据存储，所以与 MCGS 通用版相比，MCGS 嵌入版的可靠性更高，在异常掉电的情况下也不会丢失数据。

12）设立对象元件库，组态工作简单方便。对象元件库实际上是分类存储各种组态对象的图库。组态时，可把制作完好的对象（包括图形对象、窗口对象、策略对象及位图文件等）以元件的形式存入图库中，也可把元件库中的各种对象取出，直接为当前的工程所用。随着工程的积累，对象元件库将日益扩大和丰富，这样就解决了组态结果的积累和重新利用问题，组态工作将会变得越来越简单、方便。

（2）MCGS 嵌入版组态软件的主要特点

1）容量小。整个系统最低配置只需要极小的存储空间，可以方便地使用存储设备。

2）速度快。系统的时间控制精度高，可以方便地完成各种高速采集工作，满足实时控制系统的要求。

3）稳定性高。无风扇，内置看门狗，上电重启时间短，可在各种恶劣的环境下稳定、长时间地运行。

4）功能强大。提供中断处理，定时扫描精度可达到 ms 级，提供对计算机串口、内存、端口的访问，并可以根据需要灵活组态。

5）通信方便。内置串行通信功能、以太网通信功能、GPRS 通信功能、Web 浏览功能和 Modem 远程诊断功能，可以方便地与各种设备进行数据交换，实现远程采集和 Web 浏览。

6）操作简便。MCGS 嵌入版采用的组态环境继承了 MCGS 通用版与网络版简单易学的优点，组态操作既简单直观又灵活多变。

7）支持多种设备。提供了所有常用的硬件设备的驱动。

（3）MCGS嵌入版组态软件系统的组成部分

MCGS嵌入式体系结构分为组态（开发）环境、模拟运行环境和运行环境三部分，如图1.1.1所示。

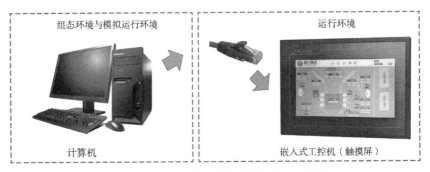

图 1.1.1　MCGS嵌入式体系结构的三个环境

组态环境和模拟运行环境相当于一套完整的工具软件，可以在计算机上运行。用户可根据实际需要裁减其中的内容。它能够帮助用户设计和构造自己的组态工程，并进行功能测试。

运行环境则是一个独立的运行系统，它按照组态工程中用户指定的方式进行各种处理，完成用户组态设计的目标和功能。运行环境本身没有任何意义，必须与组态工程一起作为一个整体，才能构成用户应用系统。一旦组态工作完成，并且将组态好的工程通过串口或以太网下载到下位机（触摸屏）的运行环境中，组态工程就可以离开组态环境而独立运行在下位机（触摸屏）上，从而实现了控制系统的可靠性、实时性、确定性和安全性。

由MCGS嵌入版生成的用户应用系统由主控窗口、设备窗口、用户窗口、实时数据库和运行策略五部分构成，如图1.1.2所示。

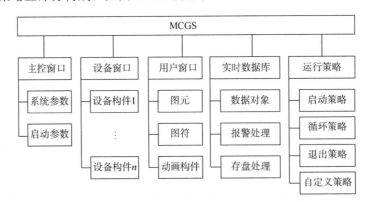

图 1.1.2　MCGS嵌入版的五个组成部分

窗口是屏幕中的一块空间，是一个"容器"，直接提供给用户使用。在窗口内，用户可以放置不同的构件，创建图形对象并调整画面的布局，组态配置不同的参数以完成不同的功能。

在 MCGS 嵌入版中，每个应用系统只能有一个主控窗口和一个设备窗口，但可以有多个用户窗口和多个运行策略，实时数据库中也可以有多个数据对象。MCGS 嵌入版用主控窗口、设备窗口和用户窗口来构成一个应用系统的人机交互图形界面，组态配置各种不同类型和功能的对象或构件，同时可以对实时数据进行可视化处理。

实时数据库是 MCGS 嵌入版系统的核心实时数据库，相当于一个数据处理中心，同时起到公用数据交换区的作用。MCGS 嵌入版使用自建文件系统中的实时数据库来管理所有实时数据。从外部设备采集来的实时数据送入实时数据库，系统其他部分操作的数据也来自实时数据库。实时数据库自动完成对实时数据的报警处理和存盘处理，同时它还根据需要把有关信息以事件的方式发送给系统的其他部分，以便触发相关事件，进行实时处理。因此，实时数据库所存储的单元不单单是变量的数值，还包括变量的特征参数（属性）及对该变量操作的方法（报警属性、报警处理和存盘处理等）。这种将数值、属性、方法封装在一起的数据称为数据对象。实时数据库采用面向对象的技术，为其他部分提供服务，提供了系统各个功能部件的数据共享。

主控窗口构造了应用系统的主框架，确定了工业控制中工程作业的总体轮廓，包括了运行流程、特性参数和启动特性等项内容，是应用系统的主框架。

设备窗口是 MCGS 嵌入版系统与外部设备联系的媒介设备窗口，专门用来放置不同类型和功能的设备构件，实现对外部设备的操作和控制。设备窗口通过设备构件把外部设备的数据采集进来，送入实时数据库，或把实时数据库中的数据输出到外部设备。一个应用系统只有一个设备窗口，运行时系统自动打开设备窗口，管理和调度所有设备构件正常工作，并在后台独立运行。

**注意：** 对用户来说，设备窗口在运行时是不可见的。

用户窗口实现了数据和流程的"可视化"。用户窗口中可以放置三种不同类型的图形对象，即图元、图符和动画构件。图元和图符对象为用户提供了一套完善的设计、制作图形画面和定义动画的方法。动画构件对应于不同的动画功能，它们是从工程实践经验中总结出的常用的动画显示与操作模块，用户可以直接使用。通过在用户窗口内放置不同的图形对象，搭制多个用户窗口，用户可以构造各种复杂的图形界面，用不同的方式实现数据和流程的"可视化"。

组态工程中的用户窗口最多可定义 512 个。所有的用户窗口均位于主控窗口内，其打开时窗口可见，关闭时窗口不可见。

运行策略是对系统运行流程实现有效控制的手段。运行策略本身是系统提供的一个框架，里面放置有由策略条件构件和策略构件组成的"策略行"，通过对运行策略的定义，系统能够按照设定的顺序和条件操作实时数据库，控制用户窗口的打开、关闭，并确定设备构件的工作状态等，从而实现对外部设备工作过程的精确控制。

一个应用系统有三个固定的运行策略，即启动策略、循环策略和退出策略，同时允许用户创建或定义最多 512 个用户策略。启动策略在应用系统开始运行时调用，退出策略在应用系统退出运行时调用，循环策略由系统在运行过程中定时循环调用，用户策略供系统中的其他部件调用。

综上所述，一个应用系统由主控窗口、设备窗口、用户窗口、实时数据库和运行策略五个部分组成。组态工作开始时，系统只为用户搭建了一个能够独立运行的空框架，提供了丰富的动画部件与功能部件。要完成一个实际的应用系统，主要应完成以下工作：

首先，要像搭积木一样，在组态环境中用系统提供的或用户扩展的构件构造应用系统，配置各种参数，形成一个有丰富功能、可实际应用的工程；然后，把组态环境中的组态结果提交给运行环境。运行环境和组态结果一起构成了用户自己的应用系统。

# 思　考　题

1. 什么是组态？常用的组态软件有哪些？
2. MCGS 嵌入式体系有哪些环境？
3. MCGS 嵌入版组态软件由哪几个部分组成？

 **MCGS嵌入版组态软件安装与触摸屏**

 **学习目标**

1. 了解 MCGS 嵌入版组态软件的系统要求。

2. 会安装 MCGS 嵌入版组态软件。

3. 会使用 TPC7062KD 触摸屏。

1. MCGS 嵌入版组态软件的系统要求

（1）硬件需求

MCGS 嵌入版组态软件的硬件需求分为组态环境需求和运行环境需求两部分。

1）组态环境最低配置要求。系统要求在 IBM PC486 以上的微型机或兼容机上运行，以 Microsoft 的 Windows XP 或 Windows 7 为操作系统。计算机的最低配置要求如下。

① CPU：可运行于任何 Intel 及兼容 Intelx86 指令系统的 CPU。

② 内存：当使用 Windows 7 操作系统时内存应在 128MB 以上。

③ 显卡：Windows 系统兼容，含有 1MB 以上的显示内存，可工作于 $1024 \times 768$ 分辨率，256 色模式以上。

④ 硬盘：MCGS 嵌入版组态软件占用的硬盘空间最少为 80MB。

低于以上配置要求的硬件系统将会影响系统功能的完全发挥。目前市面上流行的各种品牌机和兼容机都能满足上述要求。

2）运行环境最低配置要求。目前，北京昆仑通态自动化软件科技有限公司生产的所有触摸屏（嵌入式工控机）如 TPC7062KD、TPC7063E 等均可满足运行环境条件。

（2）软件需求

MCGS 嵌入版组态软件的软件需求也分为组态环境需求和运行环境需求。

MCGS 嵌入版要求在中文 Microsoft Windows XP 或更高版本下运行。

MCGS 嵌入版要求运行在实时多任务操作系统中，现在支持 Windows CE 实时多任务操作系统。

2. MCGS 嵌入版组态软件的安装

1）在 Windows XP 或 Windows 7 操作系统启动后，插入 MCGS 软件

（密码：mcgs）

光盘，会自动弹出 MCGS 组态软件安装界面（如没有窗口弹出，则从 Windows 的 "开始" 菜单中选择 "运行" 命令，运行光盘中的 Autorun.exe 文件）。MCGS 软件安装程序窗口如图 2.1.1 所示。

图 2.1.1　MCGS 软件安装程序窗口

2）单击安装程序的欢迎界面中的 "下一步"，如图 2.1.2 所示。

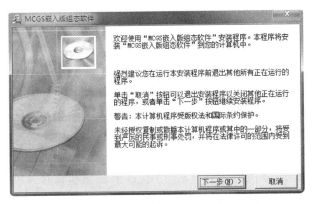

图 2.1.2　MCGS 软件安装程序欢迎界面

3）单击安装程序的自述文件界面中的 "下一步"，如图 2.1.3 所示。

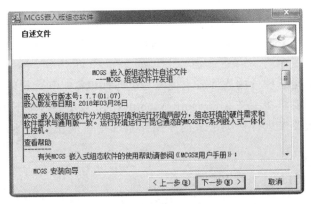

图 2.1.3　MCGS 软件安装程序自述文件界面

4）安装程序将提示指定安装目录，用户不指定时系统缺省安装到 D:\MCGSE 目录下。建议使用缺省目录。单击界面中的"下一步"，如图 2.1.4 所示。

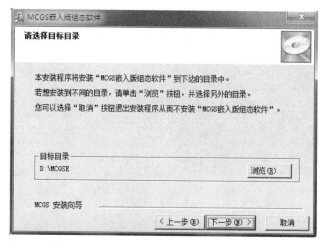

图 2.1.4　MCGS 软件安装程序安装路径选择

5）单击安装程序的开始安装界面中的"下一步"，如图 2.1.5 所示。

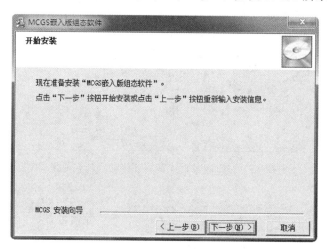

图 2.1.5　MCGS 软件安装程序开始安装界面

6）进入安装过程，安装过程持续几分钟，如图 2.1.6 所示。

7）MCGS 嵌入版主程序安装完成后，开始安装 MCGS 嵌入版驱动，安装程序将把驱动安装至 MCGS 嵌入版安装目录\Program\Drivers 目录下。单击"下一步"，进入选择要安装的驱动程序界面，如图 2.1.7 所示。

8）选择需安装的驱动程序，缺省选项为一些常用的设备驱动。可以选择先安装一部分所需要的驱动，其余的在需要时再安装。建议一次安装所有的驱动。选择好后，单击"下一步"，如图 2.1.8 所示。

图 2.1.6　MCGS 软件安装中

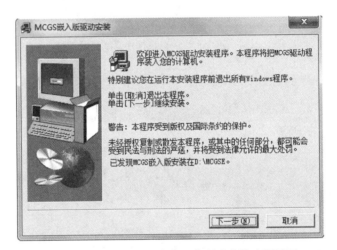

图 2.1.7　MCGS 软件安装程序驱动安装欢迎界面

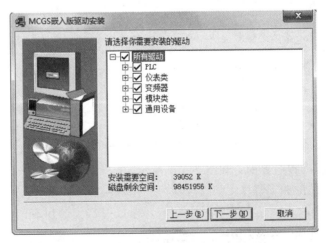

图 2.1.8　MCGS 软件安装驱动程序选择

9）安装完成后，系统将弹出对话框，提示安装完成。单击"完成"，如图 2.1.9 所示。

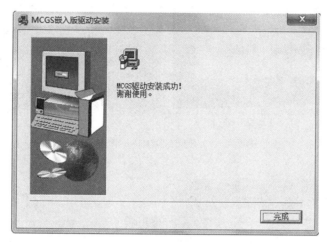

图 2.1.9　MCGS 软件安装完成

10）系统弹出如图 2.1.10 所示的对话框，要求选择立即重新启动计算机或返回系统，不重新启动。建议重新启动计算机后再运行组态软件，结束安装。

11）安装完成后，在 Windows 操作系统桌面上添加了如图 2.1.11 所示的两个快捷方式图标，分别用于 MCGS 嵌入版组态环境和模拟运行环境。

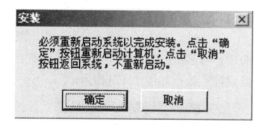

图 2.1.10　MCGS 软件安装完成后重启提示
　　　　　　对话框

图 2.1.11　Windows 操作系统桌面上的组
　　　　　　态环境和模拟运行环境图标

通过 MCGS 组态环境的下载对话框能将组态建立的工程下载到触摸屏中运行。本书以北京昆仑通态自动化软件科技有限公司生产的 TPC7062KD 触摸屏为实例进行介绍。

3. TPC7062KD 触摸屏

TPC7062KD 触摸屏是一套以低功耗 CPU 为核心（ARM CPU，主频 400MHz）的高性能嵌入式一体化触摸屏。该产品设计采用了 7 英寸液晶显示屏（分辨率为 800×480），为四线电阻式触摸屏（分辨率为 1024×1024）。其外观如图 2.1.12 所示。

（密码: mcgs）

（1）TPC7062KD 触摸屏外部接口

TPC7062KD 触摸屏外部接口及其接口说明如图 2.1.13 所示。

(a) 正面视图　　　　　　　　　　　(b) 背面视图

图 2.1.12　TPC7062KD 触摸屏外观

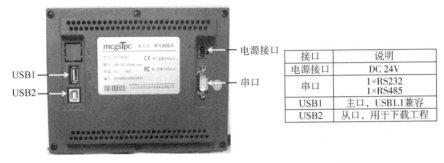

图 2.1.13　TPC7062KD 触摸屏外部接口及其说明

| 接口 | 说明 |
|------|------|
| 电源接口 | DC 24V |
| 串口 | 1×RS232 1×RS485 |
| USB1 | 主口，USB1.1 兼容 |
| USB2 | 从口，用于下载工程 |

（2）TPC7062KD 触摸屏的启动

使用 24V 直流电源给触摸屏供电，电源接口"1"端接直流电源"＋"极，电源接口"2"端接直流电源"－"极。当触摸屏启动后，屏幕出现"正在启动"提示进度条，此时不需要任何操作，系统将自动进入工程运行界面，如图 2.1.14 所示。

图 2.1.14　TPC7062KD 触摸屏的启动

（3）TPC7062KD 触摸屏的校准

当触摸屏启动，屏幕出现"正在启动"提示进度条时，用触摸笔或手指轻点屏幕任意位置，进入启动属性界面。等待 30s，系统将自动运行触摸屏校准程序，如图 2.1.15 所示。

校准时，以触摸笔或手指轻按十字光标中心点不放，当光标移动到下一点后抬起；重复该动作，直至提示"新的校准设置已测定"，轻点触摸屏任意位置，退出校准程序。

图 2.1.15　TPC7062KD触摸屏的校准

4．工程下载

（1）硬件连接

用 USB - TPC（D）通信电缆把计算机（USB 端口）与 TPC7062KD 触摸屏（USB2 端口）连接，并将 TPC7062KD 触摸屏电源端口接入 24V 直流电源。连接好后，给 TPC7062KD 触摸屏供电，准备下载工程，如图 2.1.16 所示。

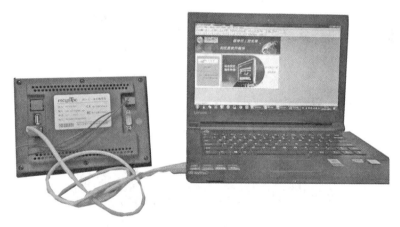

图 2.1.16　TPC7062KD触摸屏与计算机连接

（2）下载工程

在 MCGS 组态环境中，打开一个工程，单击工具条中的下载按钮，会弹出一个如图 2.1.17 所示的下载配置对话框。

在这个对话框中，首先选择"连机运行"，再在"连接方式"中单击下拉菜单，选择"USB通信"，单击"通讯测试"按钮，进行通信测试。通信测试正常后，单击"工程下载"，下载过程如图 2.1.18 所示。

下载完成后，单击"启动运行"按钮，再单击"确定"；也可以在触摸屏上启动工程运行，触摸屏运行效果如图 2.1.19 所示。

5．工程的模拟运行

在工程下载之前，为了检查画面的组态是否美观，或检查是否存在数据错误等，可以先进行模拟运行。操作步骤也是首先单击工具条中的下载按钮，弹出如图 2.1.17

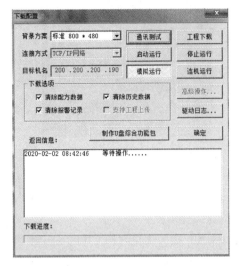

图 2.1.17　下载配置对话框

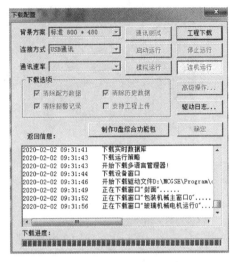

图 2.1.18　下载过程对话框

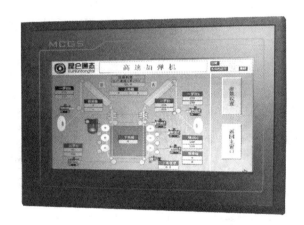

图 2.1.19　工程在触摸屏中运行的效果

所示的下载配置对话框。在对话框中选择"模拟运行"按钮，单击"通讯测试"按钮，然后单击"工程下载"。下载完成后，单击"启动运行"按钮，再单击"确定"，工程即可在模拟运行环境中运行。

若需要停止运行，单击下载配置中的"停止运行"按钮或者模拟运行环境窗口中的停止按钮 ▣ ，工程即可停止运行；单击模拟运行环境窗口中的关闭按钮 ✕ ，窗口关闭。

# 思 考 题

1. 阅读《TPC7062KD 使用手册》。

2. MCGS 嵌入版组态软件对系统有哪些要求？

3. 简述工程下载的操作步骤。

# 单元 3 MCGS嵌入版组态软件的基本应用

本单元将结合工程实例介绍 MCGS 嵌入版组态软件的工程建立、组态、触摸屏与三菱 FX 系列 PLC 的连机运行，从而使读者掌握 MCGS 嵌入版组态软件的基本应用。

## 课题 3.1  三相异步电动机正反转控制

 **学习目标**

1. 知道工程建立、组态的过程和方法。
2. 会进行工程建立、组态。
3. 会进行触摸屏与三菱 FX 系列 PLC 的连机运行。

一项工程从开始设计到完成，在开始组态工程之前要先对该工程进行剖析，以便从整体上把握工程的结构、流程、需实现的功能及如何实现这些功能，在此基础上拟定组建工程的总体规划和设计思路，再组织实施，只有这样才能达到完成工程的目的。

（密码: mcgs）

### 3.1.1  工程任务要求与设计思路

1. 任务要求

用 TPC7062KD 触摸屏与三菱 FX 系列 PLC 控制一台三相交流异步电动机的正反转，继电 - 接触器控制线路如图 3.1.1 所示。

要求在触摸屏上能够实现正转、反转的控制和运行指示。

2. 任务分析

在图 3.1.1 所示的三相异步电动机正反转控制线路中，交流接触器 KM1 和 KM2 分别为正反转控制，是触摸屏的控制对象，也是运行指示对象。

（密码: mcgs）

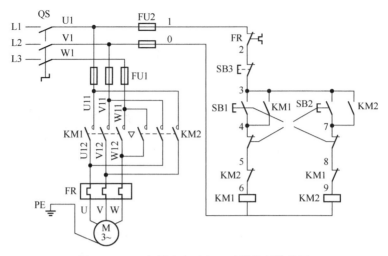

图 3.1.1　三相异步电动机正反转控制线路图

SB1 为正转启动按钮，SB2 为反转启动按钮，SB3 为停止按钮，是主令元件。

要求触摸屏能够实现正反转启动、停止，则与按钮构成两地控制。PLC 中输入 X 元件在 MCGS 嵌入版软件中只能读（可以显示状态）不能写（不可以操作），因此要用一个可以读写的元件替代，这里采用不占用输入/输出点数的通用辅助继电器 M 来实现在触摸屏（TPC）中正反转的启动、停止。

3. 任务实施思路

根据任务要求和任务分析，首先确定 PLC 控制程序的设计方法和步骤，进行 PLC 程序设计，再确定触摸屏组态控制设计任务的实施思路。

### 3.1.2　PLC 程序设计

（1）元件地址分配

本课题所需三相异步电动机正反转控制元件地址分配见表 3.1.1。

表 3.1.1　三相异步电动机正反转控制元件地址分配表

| 元件地址 | 定　义 | 元件地址 | 定　义 |
|---|---|---|---|
| X0 | 正转启动按钮 | M1 | TPC 反转启动 |
| X1 | 反转启动按钮 | M2 | TPC 停止 |
| X2 | 停止按钮 | Y0 | 正转控制接触器 |
| M0 | TPC 正转启动 | Y1 | 反转控制接触器 |

（2）绘制 I/O 接线图

三相异步电动机正反转控制 I/O 接线图如图 3.1.2 所示。

（3）根据控制要求编写 PLC 控制程序

正反转控制参考程序梯形图如图 3.1.3 所示。

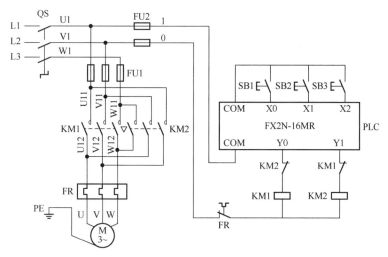

图 3.1.2　三相异步电动机正反转控制 I/O 接线图

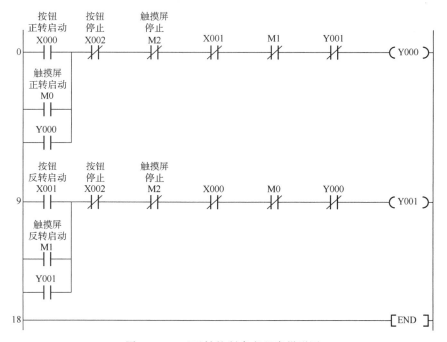

图 3.1.3　正反转控制参考程序梯形图

### 3.1.3　触摸屏组态控制设计

1. 工程的建立

1）打开 MCGS 嵌入式组态环境软件，然后单击文件菜单中的"新建工程"选项，或直接单击 ▯，弹出如图 3.1.4 所示的"新建工程设置"对话框，在 TPC 类型中选择"TPC7062KD"，单击"确定"，弹出如图 3.1.5 所

（密码: mcgs）

示的"工作台"对话框。

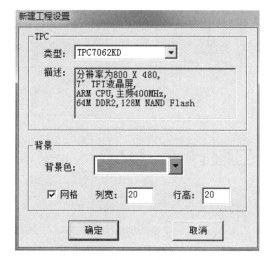

图 3.1.4　"新建工程设置"对话框

图 3.1.5　"工作台"对话框

2）单击文件菜单中的"工程另存为"选项，弹出文件保存对话窗口。在对话窗口中，文件名输入"三相异步电动机正反转"，保存路径为默认的"work"文件夹（根据自己的喜好，可以另建文件夹或保存路径），然后单击"保存"，工程创建完毕。

2. 设备窗口组态

设备窗口是 MCGS 嵌入版系统的重要组成部分，在设备窗口中可建立系统与外部硬件设备的连接关系，使系统能够从外部设备读取数据并控制外部设备的工作状态，实现对工业过程的实时监控。

在 MCGS 嵌入版中，一个工程只能有一个设备窗口。运行时，由主控窗口负责打开设备窗口，而设备窗口是不可见的，在后台独立运行，负责管理和调度设备构件的运行。设备组态的方法和步骤：

1）在工作台的设备窗口中双击 ，进入设备组态的设备窗口，单击工具条中的 ，打开设备工具箱，如图 3.1.6 所示。

图 3.1.6    设备组态的设备窗口

2）在设备工具箱中，先双击"通用串口父设备"，再双击"三菱__ FX 系列编程口"，此时提示"是否使用三菱__ FX 系列编程口驱动的默认通讯参数设置串口父参数?"，单击"是"，则显示添加设备后的设备窗口，如图 3.1.7 所示。

图 3.1.7    添加设备后的设备窗口

3）双击"通用串口父设备 0"，弹出"通用串口设备属性编辑"对话框，按照图 3.1.8 所示设置参数，设置完成后单击"确认"。

图 3.1.8    "通用串口父设备 0"参数设置

4）双击"设备 0－三菱＿FX 系列编程口"，弹出如图 3.1.9 所示的设备编辑对话框。

图 3.1.9 "设备 0－三菱＿FX 系列编程口"对话框

① 在对话框中单击"删除全部通道"，把默认的通道删除。默认通道删除后的设备编辑窗口如图 3.1.10 所示。

图 3.1.10 默认通道删除后的设备编辑窗口

② 根据工程任务分析和 PLC 程序设计，增加所需的实际通道。本课题中，按钮 SB1、SB2、SB3 直接在 PLC 中连接输入，不需要在设备通道中增加，要添加的设备通道是触摸屏（TPC）正反转启动、停止，控制对象交流接触器 KM1 和 KM2，即 PLC 程序中的 M0、M1、M2、Y0、Y1。

在图 3.1.10 所示的窗口中单击"增加设备通道"，弹出一个如图 3.1.11 所示的"添加设备通道"对话框。在"通道类型"中选择"M 辅助寄存器"，通道个数选择"3"（只需要 3 个，即 M0、M1、M2），"读写方式"选择"读写"，单击"确认"。

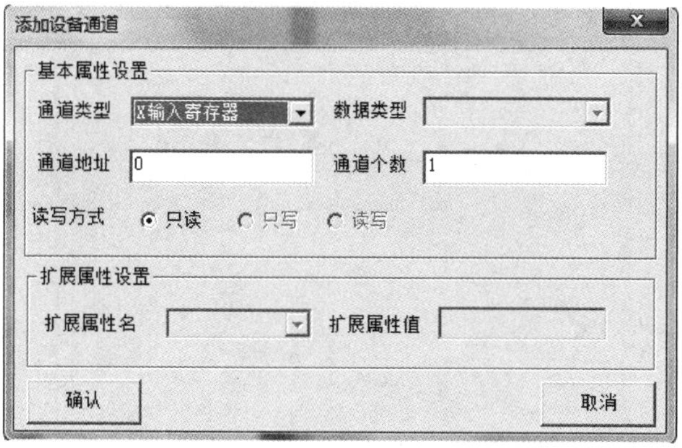

图 3.1.11 "添加设备通道"对话框

同理，单击"增加设备通道"，弹出一个如图 3.1.11 所示的"添加设备通道"对话框。在"通道类型"中选择"Y 输出寄存器"，通道个数选择"2"（只需要 2 个，即 Y0、Y1），"读写方式"选择"读写"，单击"确认"。

③ 把 CPU 类型设置为实际使用的 PLC 类型。本课题使用的是三菱 FX2N 系列 PLC，故设置为"FX2NCPU"。

全部选择设置后，单击图 3.1.10 中的"确认"，再关闭设备窗口，此时弹出一个如图 3.1.12 所示的"'设备窗口'已改变，存盘否?"提示对话框，在此对话框中单击"是"，完成设备组态。

图 3.1.12 设备组态完成

3. 用户窗口组态

单击工作台中的"用户窗口"，单击"用户窗口"中的"新建窗口"，建立新画面"窗口 0"。选中"窗口 0"，再单击"窗口属性"，弹出如图 3.1.13 所示的"用户窗口属性设置"对话框，把"窗口名称"中的"窗口 0"修改为"三相异步电动机正反转"，单击"确认"。

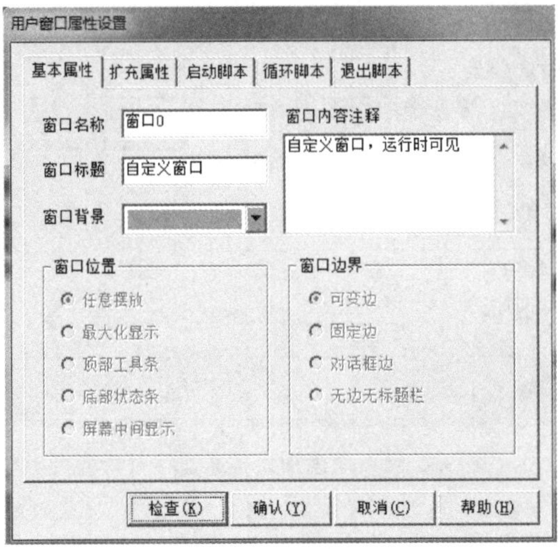

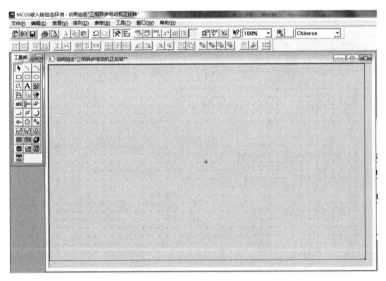

图 3.1.13　用户窗口属性设置

　　用户窗口属性设置好后，即可进行画面组态，制作工程画面。双击"三相异步电动机正反转"窗口，也可选中"三相异步电动机正反转"窗口，单击"动画组态"，再单击工具条中的 🗡️，打开"工具箱"，在如图 3.1.14 所示的动画组态窗口中构建画面，添加工程所需的构件。

图 3.1.14　动画组态窗口

　　(1) 添加按钮

　　1) 单击工具箱中的 ⬜，将标准按钮构件拖放到窗口中合适的位置，并根据窗口的情况调整至合适的大小，如图 3.1.15 所示。

　　2) 双击该按钮，弹出一个如图 3.1.16 所示的"标准按钮构件属性设置"对话框，在此对话框中进行相应的参数设置。

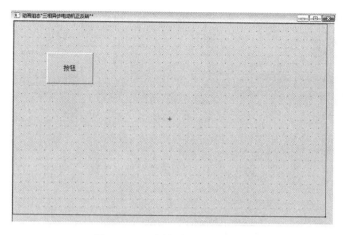

图 3.1.15　添加标准按钮构件

图 3.1.16　"标准按钮构件属性设置"对话框

① 基本属性。将"文本"中的文字"按钮"修改为"正转启动",其他的基本属性根据个人喜好进行设置。

② 操作属性。在"抬起"按钮下勾选"数据操作对象",选择"按 1 松 0",然后单击"?"按钮,此时弹出一个如图 3.1.17 所示的"变量选择"对话框,在此对话框中,"变量选择方式"选择"根据采集信息生成","通道类型"选择"M 辅助寄存器","通道地址"设置为"0","读写类型"选择"读写",单击"确认"。

同理,完成添加"反转启动""停止"按钮,这里不同的是将"基本属性"的文字分别修改为"反转启动""停止",在"操作属性"中将"通道地址"分别设置为"1"和"2"。按钮构件完成后如图 3.1.18 所示。

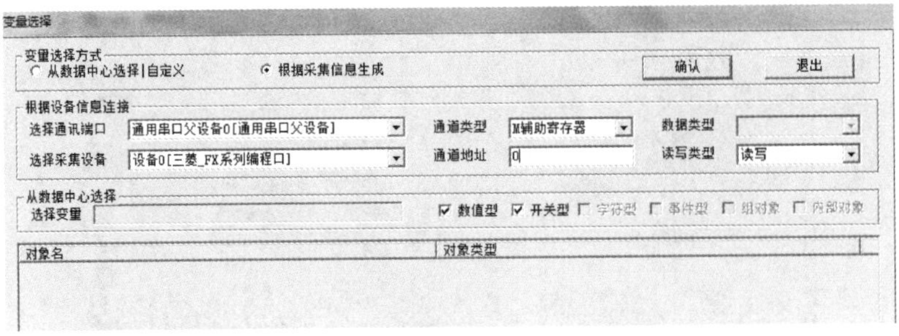

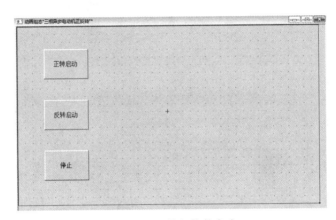

图 3.1.17　"变量选择"对话框

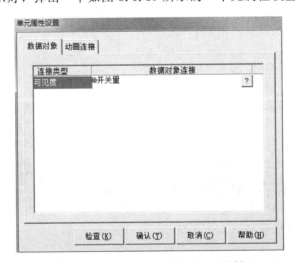

图 3.1.18　按钮构件完成

（2）添加指示灯

1）单击工具箱中的"插入元件"构件，弹出"对象元件管理"对话框，在对话框中找到"图形对象库"中的"指示灯"文件夹，选择合适或喜好的指示灯图形，添加到窗口中合适的位置，并根据窗口调整至合适的大小。

2）双击该指示灯，弹出一个如图 3.1.19 所示的"单元属性设置"对话框。

图 3.1.19　指示灯单元属性设置对话框

在"数据对象"中选中"可见度"，单击"?"按钮，此时弹出一个如图 3.1.20 所示的"变量选择"对话框，在此对话框中，"变量选择方式"选择"根据采集信息生成"，"通道类型"选择"Y 输出寄存器"，"通道地址"设置为"0"，"读写类型"选择"只读"，单击"确认"。

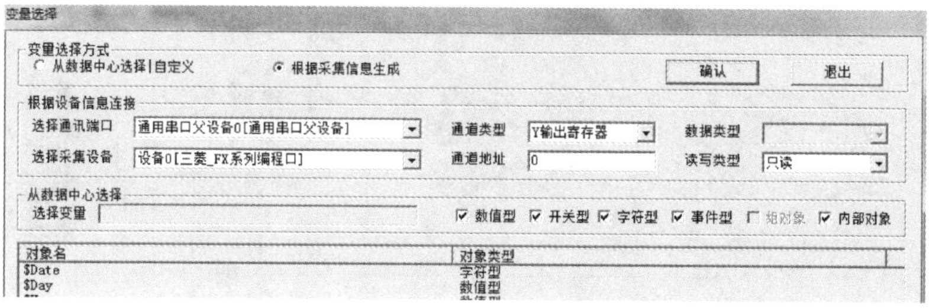

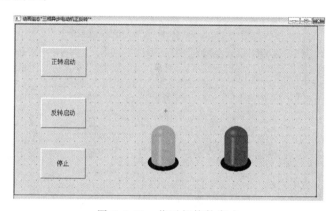

图 3.1.20　指示灯构件属性设置对话框

同理，设置另一个指示灯，不同的是将"通道地址"设置为"1"。指示灯构件完成后如图 3.1.21 所示。

图 3.1.21　指示灯构件完成

（3）添加电动机

单击工具箱中的"插入元件"构件，弹出"对象元件管理"对话框，在对话框中找到"图形对象库"中的"马达"文件夹，选择合适或喜好的电动机图形，添加到窗口中合适的位置，并根据窗口调整至合适的大小。

本课题中电动机仅仅是为了画面美观，因此建议不要做任何设置。电动机构件添加完成后如图 3.1.22 所示。

（4）添加标签

在图 3.1.22 所示的画面中可以看出，指示灯及整个画面上端需要增加一个标签来说明其作用，也可以使得整个画面更加美观。

单击工具箱中的"A"构件，在窗口按住鼠标左键，根据需要拖出一个大小合适的"标签"，放置在相应的位置，然后双击该标签，弹出一个如图 3.1.23 所示的"标签动画组态属性设置"对话框。

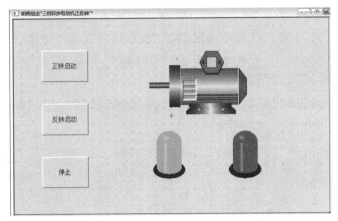

图 3.1.22　电动机构件添加完成

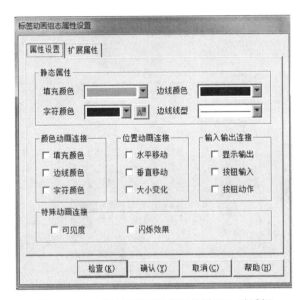

图 3.1.23　"标签动画组态属性设置"对话框

在"扩展属性"选项卡中的"文字内容输入"中输入"三相异步电动机正反转控制",在"属性设置"选项卡中根据窗口实际情况调整字符颜色和大小,"边线颜色"选择"没有边线",单击"确认"。

同理,添加"正转指示"和"反转指示"标签,添加完成后的画面如图 3.1.24所示。

### 3.1.4　连机运行

1)参照单元 2 中的工程下载,将组态好的工程下载到 TPC7062KD 触摸屏中。

2)按照图 3.1.25 所示,用 TPC-FX 通信电缆将 TPC7062KD 触摸屏与三菱 PLC 连接。

(密码: mcgs)

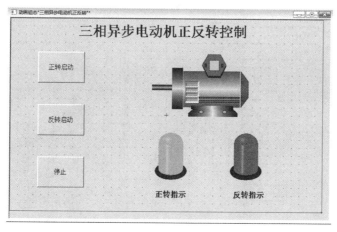

图 3.1.24　标签添加完成的用户窗口

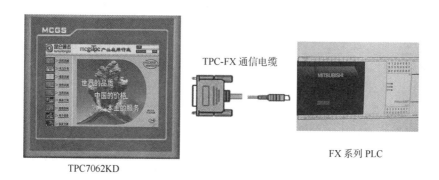

图 3.1.25　将 TPC7062KD 触摸屏与三菱 PLC 连接

3）按照图 3.1.2 所示三相异步电动机正反转控制 I/O 接线图将系统连接好。

4）通电运行，观察是否达到任务控制要求。

## 3.1.5　实训操作

（1）实训目的

1）熟悉工程建立、组态的过程和方法。

2）会进行工程建立、组态。

3）会进行触摸屏与三菱 FX 系列 PLC 的连机运行。

（2）实训设备

计算机（安装有 PLC 编程软件、MCGS 嵌入版组态软件）、FX2N - 16MR 型三菱 PLC、TPC7062KD 触摸屏、TPC - FX 和 USB - TPC（D）通信电缆、开关板（600mm×600mm）、熔断器、交流接触器、热继电器、组合开关、行程开关、导线等。

（3）任务要求

根据图 3.1.26 所示的线路图，在规定时间内正确完成触摸屏与三菱 FX 系列 PLC 的自动往返控制。要求：

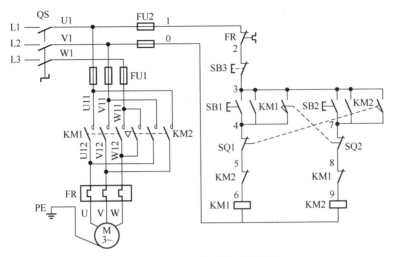

图 3.1.26　自动往返控制线路图

1）触摸屏能实现往返启动控制。

2）触摸屏能显示往返状态。

3）SQ1、SQ2 在触摸屏中只显示工作状态，不参与控制。

（4）注意事项

1）通电前必须在指导教师的监护和允许下进行。

2）要做到安全操作和文明生产。

3）触摸屏通道一定要与 PLC 程序地址对应，否则不能正常运行。

（5）评分

评分细则见评分表。

**"触摸屏与 PLC 自动往返控制实训操作"技能自我评分表**

| 项　目 | 技术要求 | 配分/分 | 评分细则 | 评分记录 |
|---|---|---|---|---|
| 工作前的准备 | 清点实训操作所需的设备器件 | 5 | 每漏检或错检一件，扣 1 分 | |
| 绘制 I/O 地址分配表和接线图 | 正确绘制 I/O 地址分配表和接线图 | 5 | 地址遗漏，每处扣 1 分<br>接线图绘制错误，每处扣 1 分 | |
| 安装接线 | 按照 PLC 控制 I/O 接线图正确、规范安装线路 | 10 | 线路布置不整齐、不合理，每处扣 2 分<br>接线不规范，每根扣 0.5 分<br>不按 I/O 接线图接线，每处扣 5 分<br>损坏元件，每个扣 5 分 | |
| PLC 程序设计 | 1. 按照控制要求设计梯形图<br>2. 将程序熟练写入 PLC 中 | 20 | 不能正确达到功能要求，每处扣 5 分<br>地址与 I/O 分配表和接线图不符，每处扣 5 分<br>不会将程序写入 PLC 中，扣 10 分<br>将程序写入 PLC 中不熟练，扣 10 分 | |

续表

| 项　目 | 技术要求 | 配分/分 | 评分细则 | 评分记录 |
|---|---|---|---|---|
| MCGS 组态设计 | 1. 按照任务要求设计控制画面<br>2. 元件属性设置熟练<br>3. 组态设备熟练 | 30 | 不会设计组态画面，此项不得分 | |
| | | | 达不到控制要求，每处扣 5 分 | |
| | | | 界面不美观，扣 5 分 | |
| | | | 不会组态设备，扣 10 分 | |
| | | | 组态设备不熟练，扣 5 分 | |
| 运行调试 | 正确运行调试 | 10 | 不会联机调试程序，扣 10 分<br>联机调试不熟练，扣 5 分<br>不会监控调试，扣 5 分 | |
| 清洁 | 设备器件、工具摆放整齐，工作台清洁 | 10 | 乱摆放设备器件、工具，乱丢杂物，完成任务后不清理工位，扣 10 分 | |
| 安全生产 | 安全着装，按操作规程安全操作 | 10 | 没有安全着装，扣 5 分<br>操作不规范，扣 5 分<br>出现事故，总分计 0 分 | |
| 定额工时 180min | 超时，此项从总分中扣分 | | 每超过 5min，扣 3 分 | |

## 思　考　题

1. 简述 PLC 与触摸屏控制工程的设计步骤。
2. 如果要求点动控制正反转，按钮操作属性如何设置？PLC 程序如何编写？

# 课题 3.2　三相异步电动机 Y-△降压启动控制

### 🎓 学习目标

1. 知道工程建立、组态的过程和方法。
2. 会进行工程建立、组态。
3. 会显示组态数据。
4. 会设置主控窗口。
5. 会进行触摸屏与三菱 FX 系列 PLC 的连机运行。

### 3.2.1　工程任务要求

用 TPC7062KD 触摸屏与三菱 FX 系列 PLC 实现如图 3.2.1 所示的三相异步电动机 Y-△降压启动控制。要求：

（密码：mcgs）

1）首先运行封面界面，运行封面界面 5s 后进入控制界面。

2）在触摸屏上能够实现启动、停止的控制和运行指示。

3）在触摸屏上能够显示定时时间。

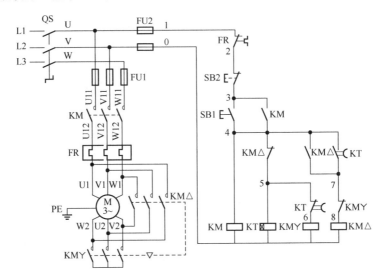

图 3.2.1　三相异步电动机 Y-△降压启动控制线路图

### 3.2.2　工程任务分析

1）根据任务要求，在触摸屏中需要两个用户窗口，一个是封面窗口，另一个是控制窗口。

2）在图 3.2.1 所示的三相异步电动机 Y-△降压启动控制线路中，交流接触器 KM、KM△、KM Y 是触摸屏的控制对象，也是运行指示对象，时间继电器 KT 是触摸屏的时间显示对象。

### 3.2.3　PLC 程序设计

（1）元件地址分配

本课题所需元件的地址分配见表 3.2.1。

表 3.2.1　三相异步电动机 Y-△降压启动控制元件地址分配表

| 元件地址 | 定　义 | 元件地址 | 定　义 |
|---|---|---|---|
| X0 | 按钮启动 | Y0 | 控制接触器 |
| X1 | 按钮停止 | Y1 | △运行接触器 |
| M0 | TPC 启动 | Y2 | Y 启动接触器 |
| M1 | TPC 停止 | T0 | 启动定时 |

（2）绘制 I/O 接线图

I/O 接线图如图 3.2.2 所示。

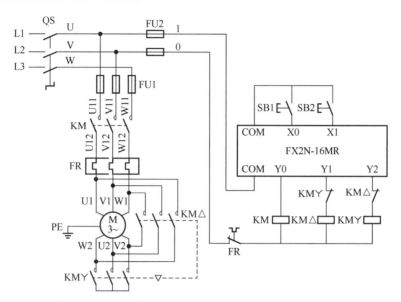

图 3.2.2　三相异步电动机 Y-△降压启动控制 I/O 接线图

（3）根据控制要求编写 PLC 控制程序

参考程序梯形图如图 3.2.3 所示。

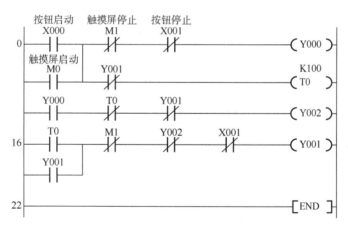

图 3.2.3　三相异步电动机 Y-△降压启动控制参考程序梯形图

### 3.2.4　触摸屏组态控制设计

1. 工程的建立

1）打开 MCGS 嵌入式组态环境软件，然后单击文件菜单中的"新建工程"选项，或直接单击 🗋 ，在 TPC 类型中选择"TPC7062KD"，单击

（密码：mcgs）

"确定"。

2）单击文件菜单中的"工程另存为"选项，弹出文件保存对话窗口。在对话窗口中，文件名输入"三相异步电动机Y-△降压启动控制"，保存路径为默认的"work"文件夹，然后单击"保存"，工程创建完毕。

**2. 设备窗口组态**

按照单元 3 课题 3.1 中设备窗口组态的方法进行设备组态。

1）进入设备组态的设备窗口，打开"设备工具箱"。

2）在"设备工具箱"中，先双击"通用串口父设备"，再双击"三菱__FX 系列编程口"，此时出现提示"是否使用三菱__FX 系列编程口驱动的默认通讯参数设置串口父参数？"的对话框，单击"是"。

3）双击"通用串口父设备 0"，设置参数。

4）双击"设备 0－三菱__FX 系列编程口"，弹出设备编辑对话框。

① 单击"删除全部通道"，把默认的通道删除。

② 根据工程任务分析和 PLC 程序设计，增加所需的实际通道。

在"通道类型"中分别添加选择 2 个 M 辅助寄存器、3 个 Y 输出寄存器、1 个"TN 定时器值"（不要选择触点）。

③ 在对话框"CPU 类型"中设置 PLC 的类型。

全部选择设置后确认关闭设备窗口，并存盘完成设备组态。

**3. 用户窗口组态**

在"用户窗口"中，按照单元 3 课题 3.1 中用户窗口组态的方法建立新画面"窗口 0"和"窗口 1"，分别把"窗口 0"和"窗口 1"修改为"封面"和"Y-△降压启动控制"，单击"确认"，如图 3.2.4 所示。

图 3.2.4　建立的用户窗口

**4. 封面组态**

在每一个工程中都会设计一个封面。封面是主要用来反映工程特征和系统运行启动时的启动界面，要求尽可能简洁、美观。此处的封面组态如图 3.2.5 所示。

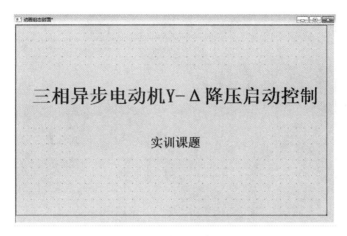

图 3.2.5 封面组态画面

5. 控制窗口组态

（1）添加按钮

按照单元 3 课题 3.1 中添加按钮的方法完成添加的按钮构件的"基本属性""操作属性"的设置，在"数据对象值操作"中分别设置为"M0"和"M1"，按钮构件完成后如图 3.2.6 所示。

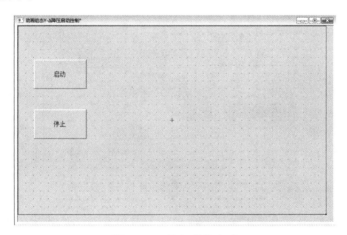

图 3.2.6 按钮构件完成

（2）添加输入框

1）单击工具箱中的 **abl**，选择"输入框"构件，拖放到窗口中合适的位置，并根据窗口的情况调整至合适的大小，如图 3.2.7 所示。

2）双击该输入框，弹出一个如图 3.2.8 所示的"输入框构件属性设置"对话框。

在"操作属性"中，单击"对应数据对象的名称"中的"?"，此时弹出一个"变量选择"对话框，在此对话框中，"变量选择方式"选择"根据采集信息生成"，"通道类型"选择"TN 定时器值"，"通道地址"设置为"0"，"读写类型"选择"只读"，单击"确认"。

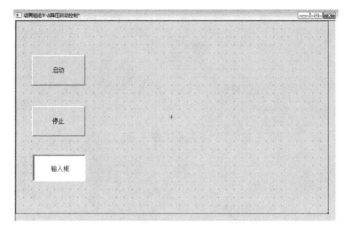

图 3.2.7 添加输入框构件

图 3.2.8 "输入框构件属性设置"对话框

在"基本属性"中，根据实际情况的需要，可以改变字符的颜色和大小。完成后的输入框构件如图 3.2.9 所示。

（3）添加指示灯

按照单元 3 课题 3.1 中添加指示灯的方法，完成指示灯构件的添加和属性设置。指示灯构件完成后如图 3.2.10 所示。

（4）添加电动机

单击工具箱中的"插入元件"构件，弹出"对象元件管理"对话框，在对话框中找到"图形对象库"中的"马达"文件夹，选择合适或喜好的电动机图形，添加到窗口中合适的位置，并根据窗口的情况调整至合适的大小。

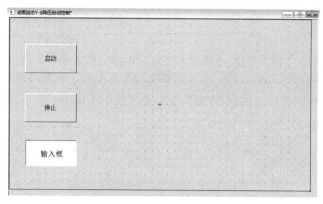

图 3.2.9　输入框构件完成

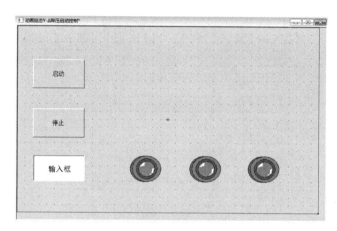

图 3.2.10　指示灯构件完成

（5）添加标签

按照单元 3 课题 3.1 中添加标签的方法，在相应的位置完成标签添加。添加标签完成后的控制用户窗口如图 3.2.11 所示。

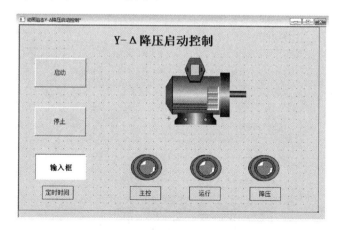

图 3.2.11　添加标签完成后的控制用户窗口

### 6. 主控窗口设置

主控窗口是应用系统的父窗口和主框架，负责调度与管理运行系统。主控窗口的属性设置包括基本属性、启动属性、内存属性、系统参数、存盘参数等内容。

在 MCGS 嵌入版中，一个应用系统只允许有一个主控窗口。主控窗口是作为一个独立的对象存在的，其设置过程如下。

在"主控窗口"中选中主控窗口图标，单击"系统属性"，弹出一个如图 3.2.12 所示的"主控窗口属性设置"对话框。

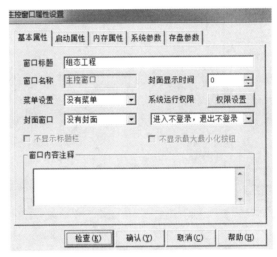

图 3.2.12　"主控窗口属性设置"对话框

（1）基本属性设置

在"基本属性"的"封面窗口"中设置为"封面"，设置"封面显示时间"为"5"（根据工程要求可以任意设置），如图 3.2.13 所示。

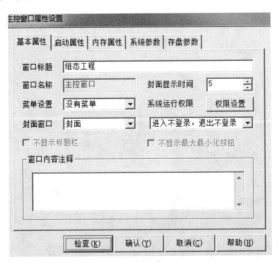

图 3.2.13　主控窗口基本属性设置

**注意：**设置封面持续显示的时间，以秒（s）为单位。当封面显示时间设置为 0 时，封面将一直显示，直到鼠标单击窗口任何位置，封面方可消失。

（2）启动属性设置

选择"启动属性"标签按钮，进入启动属性设置窗口页，其中左侧为用户窗口列表，列出了所有定义的用户窗口名称，右侧为启动时自动打开的用户窗口列表，利用"增加"和"删除"按钮可以调整自动启动的用户窗口，设置后如图 3.2.14 所示。

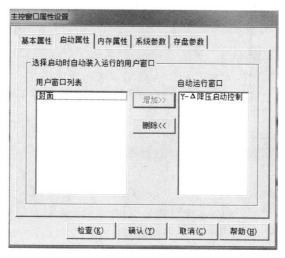

图 3.2.14　主控窗口启动属性设置

（3）内存属性设置

利用主控窗口的内存属性可以设置运行过程中始终位于内存中的用户窗口，不管该窗口是处于打开状态还是处于关闭状态。由于窗口存在于内存之中，打开时不需要从硬盘上读取，所以能提高打开窗口的速度。MCGS 嵌入版最多可允许选择 20 个用户窗口在运行时装入内存。受计算机内存大小的限制，一般只把需要经常打开和关闭的用户窗口在运行时装入内存。预先装入内存的窗口过多，也会影响运行系统装载的速度。

选择"内存属性"标签按钮，进入内存属性设置窗口页，其中左侧为用户窗口列表，列出了所有定义的用户窗口名称，右侧为启动时装入内存中的用户窗口列表，利用"增加"和"删除"按钮可以调整装入内存中的用户窗口，设置后如图 3.2.15 所示。

系统参数、存盘参数由系统定义的缺省值即能够满足大多数应用工程的需要，除非特殊需要，建议一般不要修改这些缺省值。

主控窗口中还有一些参数设置，将在后续课题中学习。

### 3.2.5　连机运行

1）打开三菱 PLC 编程软件，编写图 3.2.3 所示的三相异步电动机 Y - △ 降压启动控制参考程序，编写完成后下载到三菱 FX 系列 PLC 中。

2）参照单元 2 中的工程下载，将组态好的工程下载到 TPC7062KD 触摸屏中。

（密码: mcgs）

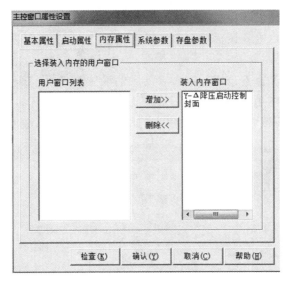

图 3.2.15　主控窗口内存属性设置

3）用 TPC-FX 通信电缆将 TPC7062KD 触摸屏与三菱 PLC 连接。

4）按照图 3.2.2 所示三相异步电动机 Y-△降压启动控制 I/O 接线图将系统连接好。

5）通电运行，观察是否达到任务控制要求。

### 3.2.6　实训操作

（1）实训目的

1）熟悉工程建立、组态的过程和方法。

2）会进行工程建立、组态。

3）会显示组态数据。

4）会设置主控窗口。

5）会进行触摸屏与三菱 FX 系列 PLC 的连机运行。

（2）实训设备

计算机（安装有 PLC 编程软件、MCGS 嵌入版组态软件）、FX2N-16MR 型三菱 PLC、TPC7062KD 触摸屏、TPC-FX 和 USB-TPC（D）通信电缆、开关板（600mm× 600mm）、熔断器、交流接触器、热继电器、组合开关、导线等。

（3）任务要求

根据图 3.2.16 所示的线路图，在规定时间内正确完成触摸屏与三菱 FX 系列 PLC 的延时停止控制。要求：

1）触摸屏能实现延时停止控制。

2）触摸屏能显示电动机的运行状态。

3）触摸屏能显示定时器的实时数据。

4）触摸屏封面运行 10s 后自动进入控制界面。

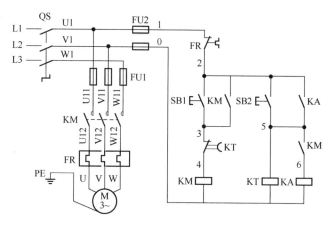

图 3.2.16    延时停止控制线路图

（4）注意事项

1）通电前必须在指导教师的监护和允许下进行。

2）要做到安全操作和文明生产。

3）触摸屏通道一定要与 PLC 程序地址对应，否则不能正常运行。

（5）评分

评分细则见评分表。

**"触摸屏与 PLC 延时停止控制实训操作"技能自我评分表**

| 项　目 | 技术要求 | 配分/分 | 评分细则 | 评分记录 |
|---|---|---|---|---|
| 工作前的准备 | 清点实训操作所需的设备器件 | 5 | 每漏检或错检一件，扣 1 分 | |
| 绘制 I/O 地址分配表和接线图 | 正确绘制 I/O 地址分配表和接线图 | 5 | 地址遗漏，每处扣 1 分<br>接线图绘制错误，每处扣 1 分 | |
| 安装接线 | 按照 PLC 控制 I/O 接线图正确、规范安装线路 | 10 | 线路布置不整齐、不合理，每处扣 2 分<br>接线不规范，每根扣 0.5 分<br>不按 I/O 接线图接线，每处扣 5 分<br>损坏元件，每个扣 5 分 | |
| PLC 程序设计 | 1. 按照控制要求设计梯形图<br>2. 将程序熟练写入 PLC 中 | 20 | 不能正确达到功能要求，每处扣 5 分 | |
| | | | 地址与 I/O 分配表和接线图不符，每处扣 5 分 | |
| | | | 不会将程序写入 PLC 中，扣 10 分 | |
| | | | 将程序写入 PLC 中不熟练，扣 10 分 | |
| MCGS 组态设计 | 1. 按照任务要求设计控制画面<br>2. 元件属性设置熟练<br>3. 组态设备熟练 | 30 | 不会设计组态画面，此项不得分 | |
| | | | 达不到控制要求，每处扣 5 分 | |
| | | | 界面不美观，扣 5 分 | |
| | | | 不会组态设备，扣 10 分 | |
| | | | 组态设备不熟练，扣 5 分 | |

续表

| 项 目 | 技术要求 | 配分/分 | 评分细则 | 评分记录 |
|---|---|---|---|---|
| 运行调试 | 正确运行调试 | 10 | 不会联机调试程序，扣10分<br>联机调试不熟练，扣5分<br>不会监控调试，扣5分 | |
| 清洁 | 设备器件、工具摆放整齐，工作台清洁 | 10 | 乱摆放设备器件、工具，乱丢杂物，完成任务后不清理工位，扣10分 | |
| 安全生产 | 安全着装，按操作规程安全操作 | 10 | 没有安全着装，扣5分<br>操作不规范，扣5分<br>出现事故，总分计0分 | |
| 定额工时180min | 超时，此项从总分中扣分 | | 每超过5min，扣3分 | |

## 思 考 题

1. 如果要求在触摸屏中显示计数器的实时数据，应该怎样进行设备通道设置？
2. 主控窗口的作用是什么？有哪些设置内容？

# 课题3.3 三相异步电动机延时启停控制

**学习目标**

1. 知道工程建立、组态的过程和方法。
2. 会进行工程建立、组态。
3. 会进行组态数据设置和显示。
4. 会设置主控窗口。
5. 会进行触摸屏与三菱FX系列PLC的连机运行。

### 3.3.1 工程任务要求

用TPC7062KD触摸屏与三菱FX系列PLC实现如图3.3.1所示的三相异步电动机的延时启停控制。要求：

（密码：mcgs）

1）首先运行封面界面，运行封面界面5s后进入控制界面。

2）在触摸屏上能够实现启动、停止的控制，由电动机显示运行状态。

3）在触摸屏上能够显示和修改定时时间，要求显示和修改的定时时间以"秒"（s）为单位。

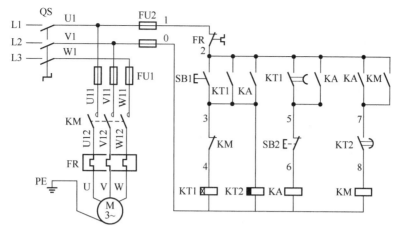

图 3.3.1　三相异步电动机延时启停控制线路图

### 3.3.2　工程任务分析

1）根据任务要求，在触摸屏中需要两个用户窗口，一个是封面窗口，另一个是控制窗口。

2）在图 3.3.1 所示的三相异步电动机延时启停控制线路中，交流接触器 KM 是触摸屏的控制对象，也是运行指示对象，时间继电器 KT1、KT2 是触摸屏的显示和时间控制（设定）对象。

### 3.3.3　PLC 程序设计

（1）元件地址分配

本课题所需元件的地址分配见表 3.3.1。

表 3.3.1　三相异步电动机延时启停控制元件地址分配表

| 元件地址 | 定　义 | 元件地址 | 定　义 |
|---|---|---|---|
| X0 | 按钮启动 | D0 | 保存启动转换时间 |
| X1 | 按钮停止 | D2 | 保存停止转换时间 |
| M0 | TPC 启动 | D4 | 接受 TPC 设定启动时间 |
| M1 | TPC 停止 | D6 | 接受 TPC 设定停止时间 |
| M2 | 启动时间设定确定 | Y0 | 控制接触器 |
| M3 | 停止时间设定确定 | — | — |

（2）绘制 I/O 接线图

I/O 接线图如图 3.3.2 所示。

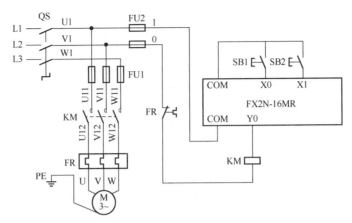

图 3.3.2　三相异步电动机延时启停控制 I/O 接线图

（3）根据控制要求编写 PLC 控制程序

编写程序时应注意以下两点：

1）PLC 中定时器没有瞬时触点，需要用辅助继电器来实现自锁。

2）PLC 中定时器的常数都是以"毫秒"（ms）为单位的，而触摸屏显示和设定的都是实时值，要达到任务要求中的以"秒"（s）为单位，需要在程序中换算。

参考程序梯形图如图 3.3.3 所示。

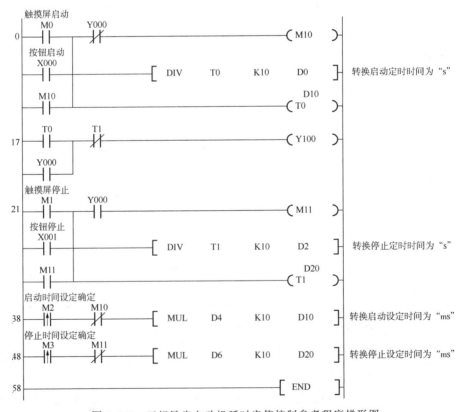

图 3.3.3　三相异步电动机延时启停控制参考程序梯形图

### 3.3.4    触摸屏组态控制设计

1. 工程的建立

1）打开 MCGS 嵌入式组态环境软件，然后单击文件菜单中"新建工程"选项，或直接单击 🗋，在 TPC 类型中选择"TPC7062KD"，单击"确定"。

（密码: mcgs）

2）单击文件菜单中的"工程另存为"选项，弹出文件保存对话窗口。在对话窗口中，文件名处输入"三相异步电动机延时启停控制"，然后保存，工程创建完毕。

2. 设备窗口组态

1）进入设备组态的设备窗口，打开"设备工具箱"。

2）在"设备工具箱"中，先双击"通用串口父设备"，再双击"三菱＿ FX 系列编程口"，此时出现提示"是否使用三菱＿ FX 系列编程口驱动的默认通讯参数设置串口父参数？"的对话框，单击"是"。

3）双击"通用串口父设备 0"，设置参数。

4）双击"设备 0－三菱＿ FX 系列编程口"，弹出设备编辑对话框。

① 单击"删除全部通道"，把默认的通道删除。

② 根据工程任务分析和 PLC 程序设计，增加所需的实际通道。

在"通道类型"中分别添加选择 4 个 M 辅助寄存器、1 个 Y 输出寄存器、4 个 D 数据寄存器，如图 3.3.4 所示。

图 3.3.4    添加设备通道

**注意**：由于在 PLC 中的 D 数据寄存器中存储数据时默认占用两个，首选地址是低位，所以在触摸屏中设备组态时，添加 D 数据寄存器时要添加偶数个 D 数据寄存器。在本课题中添加的 4 个 D 数据寄存器是 D0、D2、D4、D6。

③ 在对话框"CPU 类型"中设置 PLC 的类型。

全部选择设置后确认关闭设备窗口，存盘，完成设备组态。

3. 用户窗口组态

在用户窗口中建立新画面"窗口 0"和"窗口 1"，分别把"窗口 0"和"窗口 1"修改为"封面"和"延时启停控制"，单击"确认"，如图 3.3.5 所示。

图 3.3.5　建立的用户窗口

4. 封面组态

此处的封面组态如图 3.3.6 所示。

图 3.3.6　封面组态

5. 控制窗口组态

（1）添加按钮

按照单元 3 课题 3.1 中添加按钮的方法完成添加的按钮构件的"基本属性"和"操作属性"的设置，在"数据对象值操作"中分别设置为"M0"和"M1"，按钮构件完成后如图 3.3.7 所示。

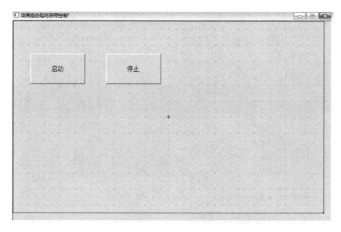

图 3.3.7　按钮构件完成

（2）添加输入框

1）添加定时器设定值输入框。单击工具箱中的 **abl**，选择"输入框"构件，拖放到窗口中合适的位置，并根据窗口的情况调整至合适的大小，如图 3.3.8 所示。

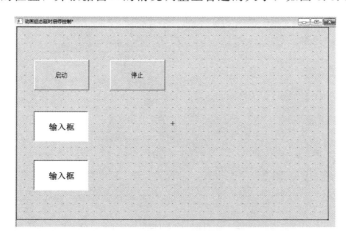

图 3.3.8　添加定时器设置输入框构件

双击输入框，弹出"输入框构件属性设置"对话框，如图 3.3.9 所示。

在"操作属性"中首先勾选"使用单位"，并输入文字"秒"或"s"，如图 3.3.10 所示。

然后，单击"对应数据对象的名称"中的"?"按钮，此时弹出一个"变量选择"对话框，在此对话框中，"变量选择方式"选择"根据采集信息生成"，"通道类型"选择"D 数据寄存器"，"通道地址"分别设置为"0"和"2"，"读写类型"选择"读写"，单击"确认"。

图 3.3.9 "输入框构件属性设置"对话框

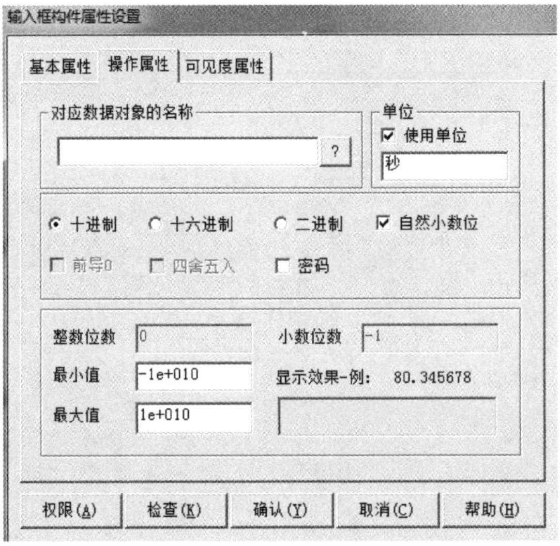

图 3.3.10 在"输入框构件属性设置"对话框中设置单位

在"基本属性"中，根据实际情况的需要可以改变字符的颜色和大小。

2）添加定时器设定值确认按钮。按照添加按钮的方法添加定时器设定值确认按钮，不同的是在"数据对象值操作"中，"启动定时时间确认按钮"设置为"M2"，"停止定时时间确认按钮"设置为"M3"，完成后如图 3.3.11 所示。

3）添加定时器实时值显示输入框。同理，添加定时器实时值显示输入框构件，不同的是"变量选择方式"中的"通道地址"分别设置为"4"和"6"，"读写类型"选择"只读"。

然后，按照添加标签的方式添加定时器实时值显示输入框标签。添加完成后如图 3.3.12 所示。

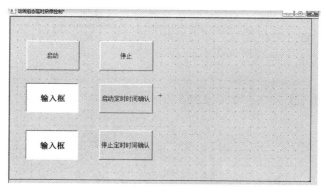

图 3.3.11　确认按钮构件添加完成

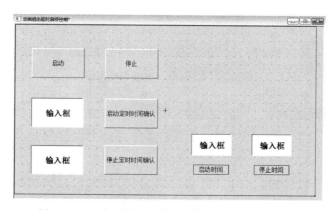

图 3.3.12　定时器实时值显示输入框构件添加完成

（3）添加电动机

单击工具箱中的"插入元件"构件，弹出"对象元件管理"对话框，在对话框中找到"图形对象库"中的"马达"文件夹，选择合适或喜好的电动机图形，添加到窗口中合适的位置，并根据窗口的情况调整至合适的大小。

双击电动机构件，弹出一个如图 3.3.13 所示的"单元属性设置"对话框。

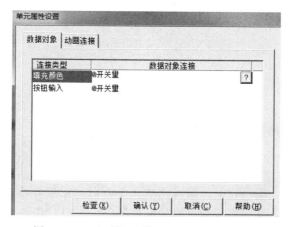

图 3.3.13　电动机"单元属性设置"对话框

选中"填充颜色",单击"?","变量选择方式"选择"根据采集信息生成","通道类型"选择"Y输出寄存器","通道地址"设置为"0","读写类型"选择"只读",单击"确认",完成后如图3.3.14所示。

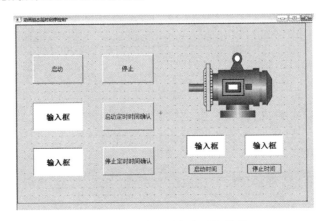

图 3.3.14　完成添加电动机构件

（4）添加标题

按照添加标签的方式添加标题,放置在相应的位置。添加标题完成后的画面如图3.3.15所示。

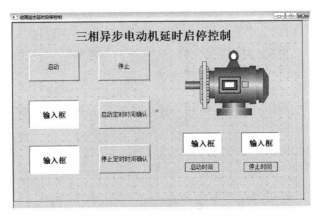

图 3.3.15　完成的控制用户窗口

6. 主控窗口设置

按照本单元课题 3.2 中主控窗口设置的方式完成对主控窗口的基本属性、启动属性、内存属性、系统参数、存盘参数等内容的设置。

### 3.3.5　连机运行

1）打开三菱 PLC 编程软件,编写图 3.3.3 所示的三相异步电动机延时启停控制参考程序,编写完成后下载到三菱 FX 系列 PLC 中。

2）将组态好的工程下载到 TPC7062KD 触摸屏中。

（密码: mcgs）

3）用 TPC-FX 通信电缆将 TPC7062KD 触摸屏与三菱 PLC 连接。

4）按照图 3.3.2 所示三相异步电动机延时启停控制 I/O 接线图将系统连接好。

5）通电运行。

① 给触摸屏和 PLC 供电，并使 PLC 处于运行状态。

② 设置定时器的定时值。在触摸屏上单击启动定时时间输入框，弹出一个如图 3.3.16 所示的"数值型"对话框。在对话框中输入定时的时间值，并单击"确定"，然后单击"启动定时时间确认"按钮，完成启动定时时间的设定。

同理，完成延时停止定时时间的设定。

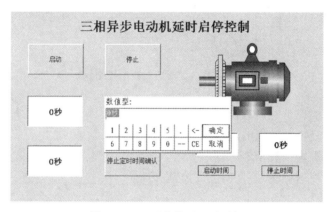

图 3.3.16　"数值型"对话框

③ 操作运行，观察定时器显示值是否与设定值一致，是否达到任务控制要求。

④ 观察电动机的运行变化。

### 3.3.6　实训操作

（1）实训目的

1）熟悉工程建立、组态的过程和方法。

2）会进行工程建立、组态。

3）会进行组态数据显示和设置。

4）会设置主控窗口。

5）会进行触摸屏与三菱 FX 系列 PLC 的连机运行。

（2）实训设备

计算机（安装有 PLC 编程软件、MCGS 嵌入版组态软件）、FX2N-16MR 型三菱 PLC、TPC7062KD 触摸屏、TPC-FX 和 USB-TPC（D）通信电缆、开关板（600mm×600mm）、熔断器、交流接触器、热继电器、组合开关、导线等。

（3）任务要求

根据图 3.3.17 所示的线路图，在规定时间内正确完成触摸屏与三菱 FX 系列 PLC 的延时启动控制。要求：

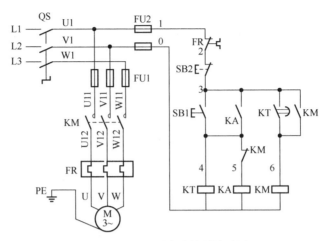

图 3.3.17 延时启动控制线路图

1）触摸屏能实现延时启动控制。

2）触摸屏能显示电动机的运行状态。

3）触摸屏能设置、显示定时器值。

4）触摸屏封面运行 3s 后自动进入控制界面。

（4）注意事项

1）通电前必须在指导教师的监护和允许下进行。

2）要做到安全操作和文明生产。

3）触摸屏通道一定要与 PLC 程序地址对应，否则不能正常运行。

（5）评分

评分细则见评分表。

**"触摸屏与 PLC 延时启动控制实训操作"技能自我评分表**

| 项　目 | 技术要求 | 配分/分 | 评分细则 | 评分记录 |
|---|---|---|---|---|
| 工作前的准备 | 清点实训操作所需的设备器件 | 5 | 每漏检或错检一件，扣 1 分 | |
| 绘制 I/O 地址分配表和接线图 | 正确绘制 I/O 地址分配表和接线图 | 5 | 地址遗漏，每处扣 1 分<br>接线图绘制错误，每处扣 1 分 | |
| 安装接线 | 按照 PLC 控制 I/O 接线图正确、规范安装线路 | 10 | 线路布置不整齐、不合理，每处扣 2 分<br>接线不规范，每根扣 0.5 分<br>不按 I/O 接线图接线，每处扣 5 分<br>损坏元件，每个扣 5 分 | |
| PLC 程序设计 | 1. 按照控制要求设计梯形图<br>2. 将程序熟练写入 PLC 中 | 20 | 不能正确达到功能要求，每处扣 5 分 | |
| | | | 地址与 I/O 分配表和接线图不符，每处扣 5 分 | |
| | | | 不会将程序写入 PLC 中，扣 10 分 | |
| | | | 将程序写入 PLC 中不熟练，扣 10 分 | |

续表

| 项　目 | 技术要求 | 配分/分 | 评分细则 | 评分记录 |
|---|---|---|---|---|
| MCGS 组态设计 | 1. 按照任务要求设计控制画面<br>2. 元件属性设置熟练<br>3. 组态设备熟练 | 30 | 不会设计组态画面，此项不得分 | |
| | | | 达不到控制要求，每处扣 5 分 | |
| | | | 界面不美观，扣 5 分 | |
| | | | 不会组态设备，扣 10 分 | |
| | | | 组态设备不熟练，扣 5 分 | |
| 运行调试 | 正确运行调试 | 10 | 不会联机调试程序，扣 10 分<br>联机调试不熟练，扣 5 分<br>不会监控调试，扣 5 分 | |
| 清洁 | 设备器件、工具摆放整齐，工作台清洁 | 10 | 乱摆放设备器件、工具，乱丢杂物，完成任务后不清理工位，扣 10 分 | |
| 安全生产 | 安全着装，按操作规程安全操作 | 10 | 没有安全着装，扣 5 分<br>操作不规范，扣 5 分<br>出现事故，总分计 0 分 | |
| 定额工时 180min | 超时，此项从总分中扣分 | | 每超过 5min，扣 3 分 | |

## 思　考　题

1. 对比运行，仔细观察本单元课题 3.3 三相异步电动机延时启停控制和课题 3.2 三相异步电动机 Y-△降压启动控制定时器的定时值有何不同。

2. 试把本课题三相异步电动机延时启停控制的 D 寄存器用连续通道运行（D0，D1，…），并观察定时器定时值有何不同。

# 课题 3.4　三相异步电动机顺序启动逆序延时停止控制

 **学习目标**

1. 知道工程建立、组态的过程和方法。

2. 会进行工程建立、组态。

3. 会组态日期、时间。

4. 会设置主控窗口。

5. 会进行触摸屏与三菱 FX 系列 PLC 的连机运行。

### 3.4.1　工程任务要求

用 TPC7062KD 触摸屏与三菱 FX 系列 PLC 实现如图 3.4.1 所示的三相异步电动机顺序启动逆序延时停止控制。要求：

（密码: mcgs）

1）首先运行封面界面，在封面上能够显示日期、时间，运行封面界面 10s 后进入控制界面。

2）按钮、触摸屏分别能够实现启动、停止的控制，在触摸屏上由电动机显示运行状态及延时时间（以 s 为单位显示）。

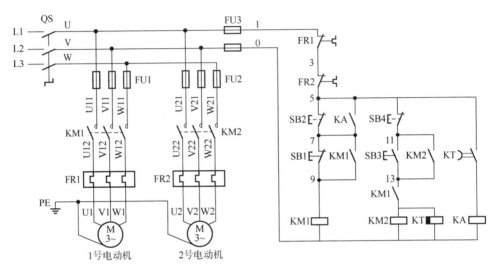

图 3.4.1　三相异步电动机顺序启动逆序延时停止控制线路图

### 3.4.2　工程任务分析

1）根据任务要求，在触摸屏中需要两个用户窗口，一个是封面窗口，另一个是控制窗口。

2）封面窗口显示年、月、日及时间。

3）在图 3.4.1 所示的三相异步电动机顺序启动逆序延时停止控制线路中，交流接触器 KM1、KM2 是触摸屏的控制对象，也是运行指示对象。

### 3.4.3　PLC 程序设计

（1）元件地址分配

本课题所需元件的地址分配见表 3.4.1。

表 3.4.1　三相异步电动机顺序启动逆序延时停止控制元件地址分配表

| 元件地址 | 定　义 | 元件地址 | 定　义 |
|---|---|---|---|
| X0 | 1 号电动机按钮启动 | M1 | 1 号电动机 TPC 停止 |
| X1 | 1 号电动机按钮停止 | M2 | 2 号电动机 TPC 启动 |

续表

| 元件地址 | 定　义 | 元件地址 | 定　义 |
|---|---|---|---|
| X2 | 2 号电动机按钮启动 | M3 | 2 号电动机 TPC 停止 |
| X3 | 2 号电动机按钮停止 | Y0 | 1 号控制接触器 |
| M0 | 1 号电动机 TPC 启动 | Y2 | 2 号控制接触器 |

（2）绘制 I/O 接线图

I/O 接线图如图 3.4.2 所示。

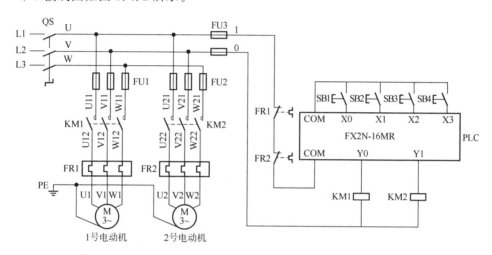

图 3.4.2　三相异步电动机顺序启动逆序延时停止控制 I/O 接线图

（3）根据控制要求编写 PLC 控制程序

编写程序时应注意以下两点：

1）PLC 中定时器没有瞬时触点，需要用辅助继电器来实现自锁。

2）PLC 中定时器的常数都是以"毫秒"（ms）为单位的，而触摸屏显示和设定的都是实时值，要达到任务要求中的以"秒"（s）单位，需要在程序中换算。

参考程序梯形图如图 3.4.3 所示。

### 3.4.4　触摸屏组态控制设计

1. 工程的建立

1）打开 MCGS 嵌入式组态环境软件，然后单击文件菜单中"新建工程"选项，或直接单击 ▢，TPC 类型选择"TPC7062KD"，单击"确定"。

2）单击文件菜单中的"工程另存为"选项，弹出文件保存对话窗口。在对话窗口中，文件名处输入"三相异步电动机顺序启动逆序延时停止控制"，然后保存，工程创建完毕。

（密码: mcgs）

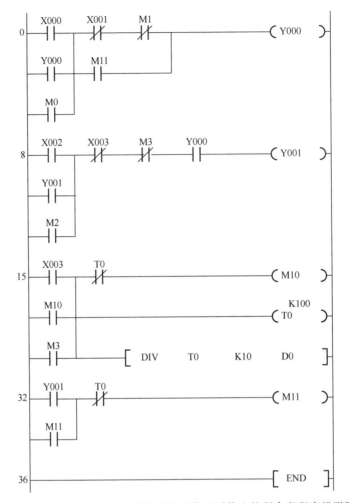

图 3.4.3　三相异步电动机顺序启动逆序延时停止控制参考程序梯形图

**2. 设备窗口组态**

1）进入设备组态的设备窗口，打开"设备工具箱"。

2）在"设备工具箱"中，先双击"通用串口父设备"，再双击"三菱__FX 系列编程口"，此时出现提示"是否使用三菱__FX 系列编程口驱动的默认通讯参数设置串口父参数？"的对话框，单击"是"。

3）双击"通用串口父设备 0"，设置参数。

4）双击"设备 0－三菱__FX 系列编程口"，弹出设备编辑对话框。

① 单击"删除全部通道"，把默认的通道删除。

② 根据工程任务分析和 PLC 程序设计，增加所需的实际通道。

在"通道类型"中分别添加选择 4 个 M 辅助寄存器、2 个 Y 输出寄存器、1 个 D 数据寄存器。

③ 在对话框"CPU 类型"中设置 PLC 的类型。

全部选择设置后确认关闭设备窗口，并存盘，完成设备组态。

3. 用户窗口组态

在用户窗口中建立新画面"窗口 0"和"窗口 1",分别把"窗口 0"和"窗口 1"修改为"封面"和"顺序启动逆序停止",单击"确认",如图 3.4.4 所示。

图 3.4.4　建立的用户窗口

4. 封面组态

1) 在封面添加两个电动机图形和文字标签。

2) 日期和时间组态。先添加 6 个大小一样、分别为年、月、日、时、分、秒需要的标签,分成两行排列(一行是日期,一行是时间),间隔调至合适或需要的状态。

分别双击 6 个标签,在"标签动画组态属性设置"对话框中:

① 选中"属性设置",在"属性设置"对话框中勾选"显示输出",字符颜色和大小根据需要和实际设置。

② 选中"显示输出",在"显示输出"对话框中点选"数值量输出",勾选"单位",分别添加"年""月""日""时""分""秒"。

单击"表达式"中的"?",在"变量选择方式"中点选"从数据中心选择",分别连接自带的系统变量 $Year(年)、$Month(月)、$Day(日)、$Hour(时)、$Minute(分)、$Second(秒),单击"确认",完成的封面组态如图 3.4.5 所示。运行显示的封面组态如图 3.4.6 所示。

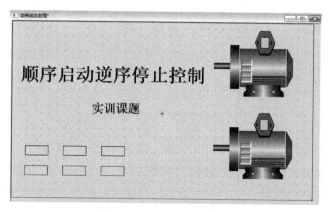

图 3.4.5　完成的封面组态

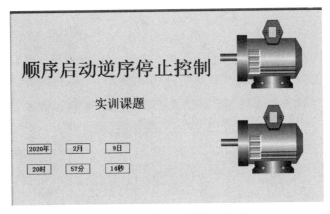

图 3.4.6 运行显示的封面组态

5. 控制窗口组态

（1）添加电动机

单击工具箱中的"插入元件"构件，弹出"对象元件管理"对话框，在对话框中找到"图形对象库"中的"马达"文件夹，选择合适或喜好的电动机图形，添加到窗口中合适的位置，并根据窗口的情况调整至合适的大小。

双击电动机构件，在"单元属性设置"对话框的"变量选择方式"中选择"根据采集信息生成"，"通道类型"选择"Y 输出寄存器"，"通道地址"分别设置为"0"和"1"，"读写类型"选择"只读"，单击"确认"，并在电动机下添加标签，把标签拖至电动机上（亦可放在电动机下方），完成后如图 3.4.7 所示。

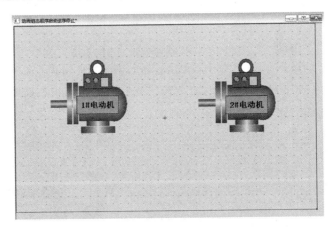

图 3.4.7 完成添加电动机构件

（2）添加按钮

完成添加的按钮构件的"基本属性""操作属性"的设置，在"数据对象值操作"中分别设置为"M0""M1""M2""M3"，按钮构件完成后如图 3.4.8 所示。

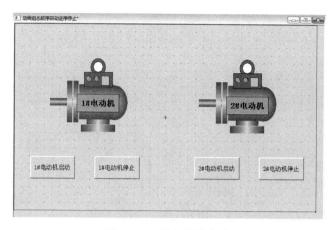

图 3.4.8　按钮构件完成

（3）添加定时时间显示输入框

单击工具箱中的 **abl**，选择"输入框"构件，拖放到窗口中合适的位置，并根据窗口的情况调整至合适的大小。

双击输入框，弹出"输入框构件属性设置"对话框。在"操作属性"中，首先勾选"使用单位"，并输入文字"秒"或"s"。

单击"对应数据对象的名称"中的"？"按钮，此时弹出一个"变量选择"对话框，在此对话框中，"变量选择方式"选择"根据采集信息生成"，"通道类型"选择"D 数据寄存器"，"通道地址"设置为"0"，"读写类型"选择"只读"，单击"确认"。

在"基本属性"中，根据实际情况的需要可以改变字符的颜色和大小，定时器实时值显示输入框构件完成后如图 3.4.9 所示。

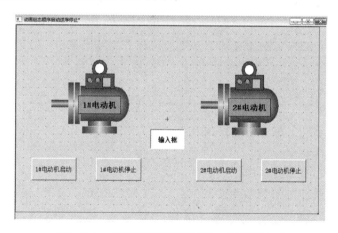

图 3.4.9　定时器实时值显示输入框构件完成

（4）添加标题

按照添加标签的方式添加标题，放置在相应的位置，完成标题的添加。添加标题完成后的控制用户窗口如图 3.4.10 所示。

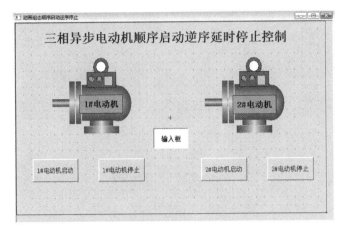

图 3.4.10　添加标题完成后的控制用户窗口

6. 主控窗口设置

按照本单元课题 3.2 主控窗口设置的方式完成对主控窗口的基本属性、启动属性、内存属性、系统参数、存盘参数等内容的设置。

### 3.4.5　连机运行

1）打开三菱 PLC 编程软件，编写图 3.4.3 所示的三相异步电动机顺序启动逆序延时停止控制参考程序，编写完成后下载到三菱 FX 系列 PLC 中。

（密码: mcgs）

2）将组态好的工程下载到 TPC7062KD 触摸屏中。

3）用 TPC-FX 通信电缆将 TPC7062KD 触摸屏与三菱 PLC 连接。

4）按照图 3.4.2 所示三相异步电动机顺序启动逆序延时停止控制 I/O 接线图将系统连接好。

5）通电运行，观察定时器显示值是否达到任务控制要求。

### 3.4.6　实训操作

（1）实训目的

1）熟悉工程建立、组态的过程和方法。

2）会进行工程建立、组态。

3）会进行组态数据显示和设置。

4）会进行日期、时间组态设置。

5）会设置主控窗口。

6）会进行触摸屏与三菱 FX 系列 PLC 的连机运行。

（2）实训设备

计算机（安装有 PLC 编程软件、MCGS 嵌入版组态软件）、FX2N-16MR 型三菱 PLC、TPC7062KD 触摸屏、TPC-FX 和 USB-TPC（D）通信电缆、开关板（600mm×600mm）、熔断器、交流接触器、热继电器、组合开关、导线等。

（3）任务要求

根据图 3.4.11 所示的线路图，在规定时间内正确完成触摸屏与三菱 FX 系列 PLC 双速电动机的控制。要求：

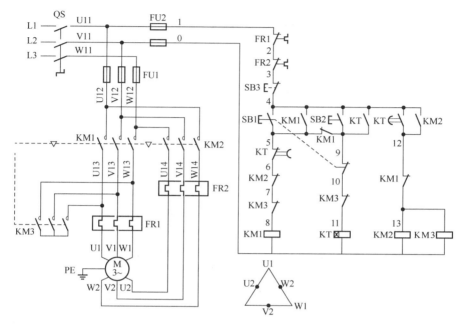

图 3.4.11　双速电动机控制线路图

1）按钮、触摸屏都能实现控制。

2）触摸屏能显示电动机的运行状态。

3）触摸屏能显示定时器值。

4）触摸屏封面运行 5s 后自动进入控制界面。

5）封面上能显示日期、时间。

（4）注意事项

1）通电前必须在指导教师的监护和允许下进行。

2）要做到安全操作和文明生产。

3）触摸屏通道一定要与 PLC 程序地址对应，否则不能正常运行。

（5）评分

评分细则见评分表。

**"触摸屏与 PLC 控制双速电动机实训操作"技能自我评分表**

| 项　目 | 技术要求 | 配分/分 | 评分细则 | 评分记录 |
| --- | --- | --- | --- | --- |
| 工作前的准备 | 清点实训操作所需的设备器件 | 5 | 每漏检或错检一件，扣 1 分 | |
| 绘制 I/O 地址分配表和接线图 | 正确绘制 I/O 地址分配表和接线图 | 5 | 地址遗漏，每处扣 1 分<br>接线图绘制错误，每处扣 1 分 | |

续表

| 项　目 | 技术要求 | 配分/分 | 评分细则 | 评分记录 |
|---|---|---|---|---|
| 安装接线 | 按照 PLC 控制 I/O 接线图正确、规范安装线路 | 10 | 线路布置不整齐、不合理，每处扣 2 分<br>接线不规范，每根扣 0.5 分<br>不按 I/O 接线图接线，每处扣 5 分<br>损坏元件，每个扣 5 分 | |
| PLC 程序设计 | 1. 按照控制要求设计梯形图<br>2. 将程序熟练写入 PLC 中 | 20 | 不能正确达到功能要求，每处扣 5 分 | |
| | | | 地址与 I/O 分配表和接线图不符，每处扣 5 分 | |
| | | | 不会将程序写入 PLC 中，扣 10 分 | |
| | | | 将程序写入 PLC 中不熟练，扣 10 分 | |
| MCGS 组态设计 | 1. 按照任务要求设计控制画面<br>2. 元件属性设置熟练<br>3. 组态设备熟练 | 30 | 不会设计组态画面，此项不得分 | |
| | | | 达不到控制要求，每处扣 5 分 | |
| | | | 界面不美观，扣 5 分 | |
| | | | 不会组态设备，扣 10 分 | |
| | | | 组态设备不熟练，扣 5 分 | |
| 运行调试 | 正确运行调试 | 10 | 不会联机调试程序，扣 10 分<br>联机调试不熟练，扣 5 分<br>不会监控调试，扣 5 分 | |
| 清洁 | 设备器件、工具摆放整齐，工作台清洁 | 10 | 乱摆放设备器件、工具，乱丢杂物，完成任务后不清理工位，扣 10 分 | |
| 安全生产 | 安全着装，按操作规程安全操作 | 10 | 没有安全着装，扣 5 分<br>操作不规范，扣 5 分<br>出现事故，总分计 0 分 | |
| 定额工时 240min | 超时，此项从总分中扣分 | | 每超过 5min，扣 3 分 | |

# 思　考　题

1. 在本课题中，如果要求启动第一台电动机 10s 后自动启动第二台电动机，停止第二台电动机 10s 后自动停止第一台电动机，PLC 程序该怎样编写？

2. 在组态日期、时间时，单位不勾选，又要显示单位，怎样组态？

# 课题 3.5　多界面控制工程

 **学习目标**

1. 会进行工程建立、组态。
2. 会组态画面目录。
3. 会组态画面翻页。
4. 会进行触摸屏与三菱 FX 系列 PLC 的连机运行。

某机械设备由两台电动机拖动，一台拖动主轴，能够实现正反转，另一台拖动工作台，能实现自动往返。

## 3.5.1　工程任务要求

1) 用触摸屏与 PLC 控制。
2) 在触摸屏上能够分别用窗口实现主轴和工作台的控制及运行状态显示。
3) 触摸屏启动运行时首先进入封面界面。
4) 运行封面界面 5s 后进入控制界面中的目录界面。

（密码：mcgs）

## 3.5.2　工程任务分析

1) 根据任务要求，在触摸屏中需要四个用户窗口，分别是封面、目录、主轴控制窗口和工作台控制窗口。
2) 运行封面界面 5s 后进入控制界面中的目录界面，在目录界面中选择进入相应的控制界面。
3) 在任何一个控制界面中能够进入另外一个控制界面和目录界面。
4) 运行状态显示，除显示电动机的运行状态外，还要能够显示工作台前进到位和后退到位的状态。
5) 电动机的启动/停止除用触摸屏控制外还要能够实现按钮控制。

## 3.5.3　PLC 程序设计

（1）元件地址分配

本课题所需元件的地址分配见表 3.5.1。

表 3.5.1　多界面控制工程元件地址分配表

| 元件地址 | 定　义 | 元件地址 | 定　义 |
|---|---|---|---|
| X0 | 主轴正转按钮启动 | M1 | 主轴反转 TPC 启动 |
| X1 | 主轴反转按钮启动 | M2 | 主轴 TPC 停止 |

| 元件地址 | 定　义 | 元件地址 | 定　义 |
|---|---|---|---|
| X2 | 主轴按钮停止 | M3 | 工作台前进 TPC 启动 |
| X3 | 工作台前进按钮启动 | M4 | 工作台后退 TPC 启动 |
| X4 | 工作台后退按钮启动 | M5 | 工作台 TPC 停止 |
| X5 | 工作台按钮停止 | Y1 | 主轴正转接触器 |
| X6 | 工作台前进到位 | Y2 | 主轴反转接触器 |
| X7 | 工作台后退到位 | Y3 | 工作台前进接触器 |
| M0 | 主轴正转 TPC 启动 | Y4 | 工作台后退接触器 |

（2）绘制 I/O 接线图

I/O 接线图如图 3.5.1 所示。

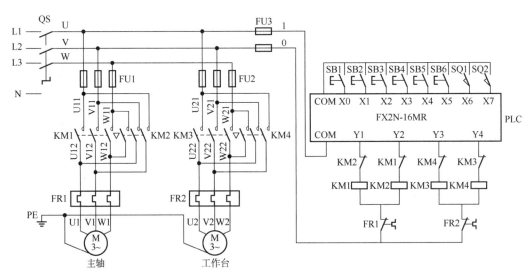

图 3.5.1　多界面控制工程 I/O 接线图

（3）根据控制要求编写 PLC 控制程序

编写程序时应注意，虽然在触摸屏中是用多界面控制，但在 PLC 中仍然是一个控制程序，不要重复使用多线圈。

参考程序梯形图如图 3.5.2 所示。

### 3.5.4　触摸屏组态控制设计

**1. 工程的建立**

1）打开 MCGS 嵌入式组态环境软件，然后单击文件菜单中的"新建工程"选项，或直接单击 🗋，在 TPC 类型中选择"TPC7062KD"，单击"确定"。

（密码: mcgs）

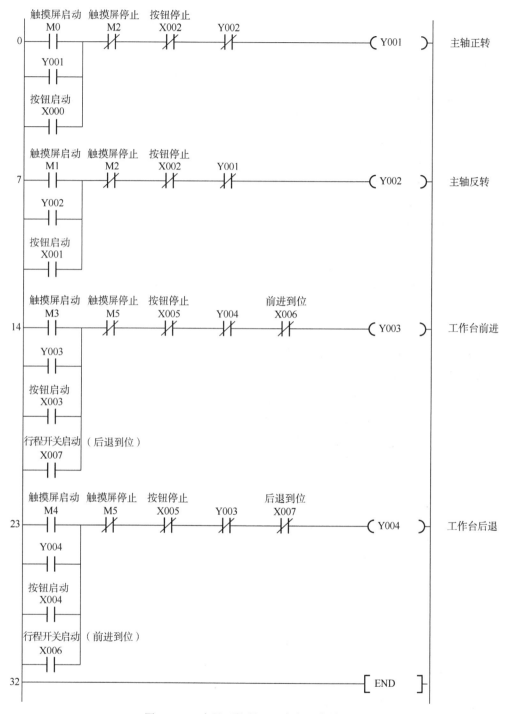

图 3.5.2 多界面控制工程参考程序梯形图

2）单击文件菜单中的"工程另存为"选项，弹出文件保存对话窗口。在对话窗口中，文件名处输入"多界面控制工程"，然后保存，工程创建完毕。

**2. 设备窗口组态**

1）进入设备组态的设备窗口，打开"设备工具箱"。

2）在"设备工具箱"中，先双击"通用串口父设备"，再双击"三菱__FX系列编程口"，此时出现提示"是否使用三菱__FX系列编程口驱动的默认通讯参数设置串口父参数?"的对话框，单击"是"。

3）双击"通用串口父设备0"，设置参数。

4）双击"设备0-三菱__FX系列编程口"，弹出设备编辑对话框。

① 单击"删除全部通道"，把默认的通道删除。

② 根据工程任务分析和PLC程序设计增加所需的实际通道。

在"通道类型"中分别添加选择6个M辅助寄存器、4个Y输出寄存器、2个X输入寄存器。

③ 在对话框"CPU类型"中设置PLC的类型。

全部选择设置后确认关闭设备窗口，并存盘，完成设备组态。

**3. 用户窗口组态**

在用户窗口中建立新画面"窗口0""窗口1""窗口2""窗口3"，分别把新建的窗口修改为"封面""目录""主轴控制""工作台控制"，单击"确认"，如图3.5.3所示。

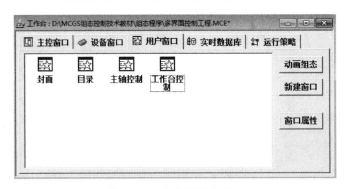

图3.5.3　建立的用户窗口

**4. 封面组态**

按照前面所学的方法根据个人喜好组态封面，做到简洁、美观即可。

**5. 目录组态**

在目录界面中添加两个"标准按钮"构件，然后分别对两个"标准按钮"构件进行设置。

双击其中一个"标准按钮"构件，弹出"标准按钮构件属性设置"对话框，在对话框的"基本属性"中将文本中的"按钮"修改为"主轴控制"，并对文本字体大小和颜色进行修改。在对话框的"操作属性"中勾选"打开用户窗口"，在如图3.5.4所示的界面中单击下拉菜单，选中需要打开的窗口"主轴控制"，单击"确认"后退出。

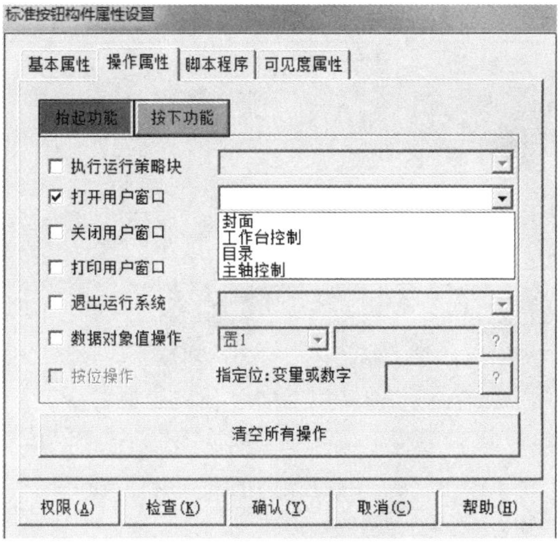

图 3.5.4　目录中的按钮构件设置

同理，设置另外一个"标准按钮"构件。弹出"标准按钮构件属性设置"对话框后，在对话框的"基本属性"中将文本中的"按钮"修改为"工作台控制"，并对文本字体大小和颜色进行修改。在对话框的"操作属性"中勾选"打开用户窗口"，单击下拉菜单，选中需要打开的窗口"工作台控制"，单击"确认"后退出。

为了使画面丰富美观，可以添加一个电动机构件，然后保存、关闭目录界面。组态完成后的目录如图 3.5.5 所示。

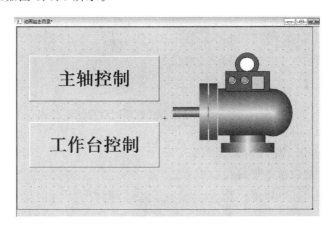

图 3.5.5　目录组态完成

6. 控制窗口组态

（1）主轴控制窗口组态

1）添加启动/停止按钮。在主轴控制界面中添加 3 个"标准按钮"构件，完成添加的按钮构件的"基本属性""操作属性"的设置；在"数据对象值操作"中分别设置为"M0""M1""M2",按钮构件完成后如图 3.5.6 所示。

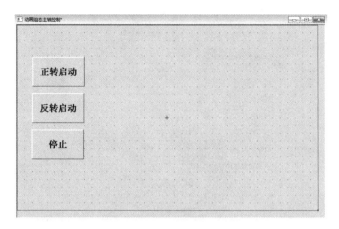

图 3.5.6  主轴控制中的按钮构件组态

2) 添加运行指示灯。在主轴控制界面中添加 2 个"指示灯"构件,在"数据对象值操作"中分别设置为"Y1""Y2"。指示灯组态完成后如图 3.5.7 所示。

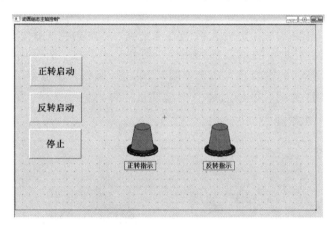

图 3.5.7  主轴控制中的运行指示灯构件组态

3) 翻页组态。在主轴控制界面的左、右下角分别添加 1 个"标准按钮"构件,然后分别对两个"标准按钮"构件进行设置。

双击左下角的"标准按钮"构件,弹出"标准按钮构件属性设置"对话框,在对话框"基本属性"中将文本中的"按钮"修改为"返回目录",并对文本字体的大小和颜色进行修改。在对话框"操作属性"中勾选"打开用户窗口",在下拉菜单中选中需要打开的窗口"目录",然后确认退出。

同理,设置右下角的"标准按钮"构件。弹出"标准按钮构件属性设置"对话框后,在对话框"基本属性"中将文本"按钮"修改为"下一页",并对文本字体的大小和颜色进行修改。在对话框"操作属性"中勾选"打开用户窗口",单击下拉菜单,选中需要打开的窗口"工作台控制",然后确认退出。

翻页组态完成后如图 3.5.8 所示。

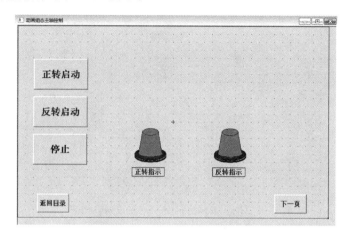

图 3.5.8    主轴控制中的翻页组态

4）添加电动机、标题。按照添加电动机、标签的方式添加电动机和标题，放置在相应的位置。添加标题完成后的画面如图 3.5.9 所示。

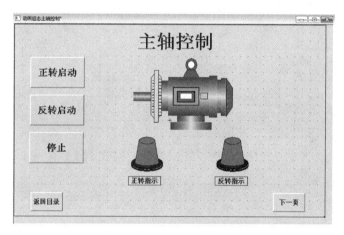

图 3.5.9    完成的主轴控制用户窗口

（2）工作台控制窗口组态

1）添加启动/停止按钮。在工作台控制界面中添加 3 个"标准按钮"构件，完成添加的按钮构件的"基本属性""操作属性"的设置；在"数据对象值操作"中分别设置为"M3""M4""M5"，按钮构件完成后如图 3.5.10 所示。

2）添加运行指示灯。在工作台控制界面中添加 2 个"指示灯"构件，在"数据对象值操作"中分别设置为"Y3""Y4"。指示灯组态完成后如图 3.5.11 所示。

3）添加工作到位指示灯。在工作台控制界面中添加 2 个"指示灯"构件，在"数据对象值操作"中分别设置为"X6""X7"。指示灯组态完成后如图 3.5.12 所示。

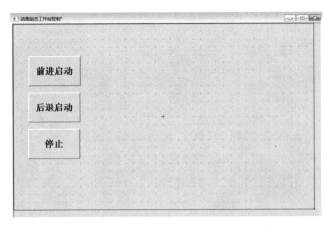

图 3.5.10  工作台控制中的按钮构件组态

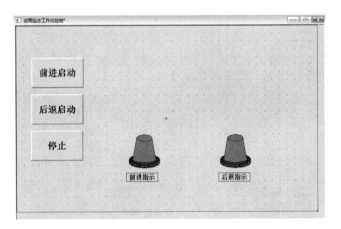

图 3.5.11  工组台控制中的运行指示灯构件组态

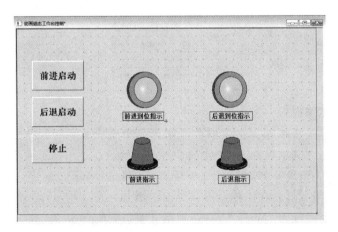

图 3.5.12  工组台控制中的工作到位指示灯构件组态

4）翻页组态。在工作台控制界面的左、右下角分别添加 1 个"标准按钮"构件，然后按照主轴控制界面中翻页组态的方法分别对两个"标准按钮"构件进行设置。

在对话框"基本属性"中，将文本"按钮"分别修改为"返回目录"和"上一页"，并对文本字体的大小和颜色进行修改。在对话框"操作属性"中勾选"打开用户窗口"，在下拉菜单中分别选中需要打开的窗口"目录"和"主轴控制"，然后确认退出。

按照添加标签的方式添加标题，放置在相应的位置，完成标题的添加。完成组态后的画面如图 3.5.13 所示。

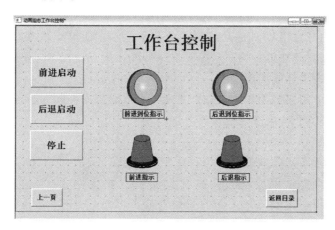

图 3.5.13　完成的工作台控制用户窗口

### 7. 主控窗口设置

按照主控窗口设置的方式完成对主控窗口的基本属性、启动属性、内存属性、系统参数、存盘参数等内容的设置。

## 3.5.5　连机运行

1）打开三菱 PLC 编程软件，编写图 3.5.2 所示的多界面控制工程参考程序，编写完成后下载到三菱 FX 系列 PLC 中。

2）将组态好的工程下载到 TPC7062KD 触摸屏中。

3）用 TPC-FX 通信电缆将 TPC7062KD 触摸屏与三菱 PLC 连接。

（密码：mcgs）

4）按照图 3.5.1 所示多界面控制工程 I/O 接线图将系统连接好。

5）通电运行，观察是否达到任务控制要求。

## 3.5.6　实训操作

（1）实训目的

1）熟悉工程建立、组态的过程和方法。

2）会进行工程建立、组态。

3）会进行组态数据显示和设置。

4）会组态画面目录。

5）会组态画面翻页。

6）会设置主控窗口。

7）会进行触摸屏与三菱 FX 系列 PLC 的连机运行。

（2）实训设备

计算机（安装有 PLC 编程软件、MCGS 嵌入版组态软件）、FX2N‑16MR 型三菱 PLC、TPC7062KD 触摸屏、TPC‑FX 和 USB‑TPC（D）通信电缆、开关板（600mm×600mm）、熔断器、交流接触器、热继电器、组合开关、导线等。

（3）任务要求

某机械设备由三台电动机拖动：第一台拖动主轴，能够实现延时停止；第二台拖动工作台，能实现自动往返；第三台拖动横梁升降，为点动控制。要求：

1）按钮、触摸屏都能实现控制。

2）在触摸屏上用三个用户窗口分别实现三台电动机的控制和运行状态显示。

3）运行封面界面 5s 后进入目录界面。

（4）注意事项

1）通电前必须在指导教师的监护和允许下进行。

2）要做到安全操作和文明生产。

3）触摸屏通道一定要与 PLC 程序地址对应，否则不能正常运行。

（5）评分

评分细则见评分表。

**"综合控制实训操作"技能自我评分表**

| 项　目 | 技术要求 | 配分/分 | 评分细则 | 评分记录 |
|---|---|---|---|---|
| 工作前的准备 | 清点实训操作所需的设备器件 | 5 | 每漏检或错检一件，扣 1 分 | |
| 绘制 I/O 地址分配表和接线图 | 正确绘制 I/O 地址分配表和接线图 | 5 | 地址遗漏，每处扣 1 分<br>接线图绘制错误，每处扣 1 分 | |
| 安装接线 | 按照 PLC 控制 I/O 接线图正确、规范安装线路 | 10 | 线路布置不整齐、不合理，每处扣 2 分<br>接线不规范，每根扣 0.5 分<br>不按 I/O 接线图接线，每处扣 5 分<br>损坏元件，每个扣 5 分 | |
| PLC 程序设计 | 1. 按照控制要求设计梯形图<br>2. 将程序熟练写入 PLC 中 | 20 | 不能正确达到功能要求，每处扣 5 分 | |
| | | | 地址与 I/O 分配表和接线图不符，每处扣 5 分 | |
| | | | 不会将程序写入 PLC 中，扣 10 分 | |
| | | | 将程序写入 PLC 中不熟练，扣 10 分 | |
| MCGS 组态设计 | 1. 按照任务要求设计控制画面<br>2. 元件属性设置熟练<br>3. 组态设备熟练 | 30 | 不会设计组态画面，此项不得分 | |
| | | | 达不到控制要求，每处扣 5 分 | |
| | | | 界面不美观，扣 5 分 | |
| | | | 不会组态设备，扣 10 分 | |
| | | | 组态设备不熟练，扣 5 分 | |

续表

| 项　目 | 技术要求 | 配分/分 | 评分细则 | 评分记录 |
|---|---|---|---|---|
| 运行调试 | 正确运行调试 | 10 | 不会联机调试程序，扣 10 分<br>联机调试不熟练，扣 5 分<br>不会监控调试，扣 5 分 | |
| 清洁 | 设备器件、工具摆放整齐，工作台清洁 | 10 | 乱摆放设备器件、工具，乱丢杂物，完成任务后不清理工位，扣 10 分 | |
| 安全生产 | 安全着装，按操作规程安全操作 | 10 | 没有安全着装，扣 5 分<br>操作不规范，扣 5 分<br>出现事故，总分计 0 分 | |
| 定额工时 240min | 超时，此项从总分中扣分 | | 每超过 5min，扣 3 分 | |

# 思　考　题

1. 触摸屏运行时，单击"下一页"按钮，却打开目录页，是什么原因？
2. 触摸屏运行时始终在封面界面，不跳转，是什么原因？

 **单元 4　MCGS嵌入版组态软件的动态画面组态**

本单元将结合工程实例介绍 MCGS 嵌入版组态软件的动态画面组态、脚本程序编写的基本方法，使静态的图形画面按照工程实际的运行状态仿真动起来。

# 课题 4.1　道路交通灯控制

 **学习目标**

1. 会进行工程建立、组态。
2. 会动态画面的组态。
3. 会加载位图。
4. 会编写脚本程序。
5. 会进行触摸屏与三菱 FX 系列 PLC 的连机运行。

## 4.1.1　脚本程序

对于大多数简单的工程，运用 MCGS 的简单组态就可以完成，只有比较复杂的工程才需要使用脚本程序。正确地编写脚本程序可简化组态过程，大大提高工作效率，优化控制过程。

（密码：mcgs）

1. 脚本程序的应用

脚本程序是由用户编制的、用来完成某种特定的流程控制和操作处理的程序。脚本程序在 MCGS 组态软件中有四种应用场合，分别为：

1）在"运行策略"中的"脚本程序"构件中使用，是运用最多的一种方式。

2）在"菜单"属性设置中的"脚本程序"中使用，作为菜单的一个辅助功能运行。

3）在"用户窗口"属性设置中的"启动脚本""循环脚本""退出脚本"中使用，一般在条件不多、比较单一的情况下使用。

4）在动画界面的事件中，如在窗口中的"标准按钮"属性设置中的"脚本程序"中使用。

2. 脚本程序语言要素

（1）数据类型

MCGS脚本程序语言使用的数据类型有三种：

1）开关型：表示开或者关的数据类型，通常 0 表示关，非 0 表示开。也可以作为整数使用。

2）数值型：值在 3.4E±38 范围内。

3）字符型：最多由 512 个字符组成的字符串。

（2）变量、常量、系统变量及系统函数

1）变量。脚本程序中，用户不能定义子程序和子函数，其中数据对象可以看作脚本程序中的全局变量，在所有的程序段共用。可以用数据对象的名称来读写数据对象的值，也可以对数据对象的属性进行操作。

开关型、数值型和字符型三种数据对象分别对应于脚本程序中的三种数据类型。在脚本程序中不能对组对象和事件型数据对象进行读写操作，但可以对组对象进行存盘处理。

2）常量。常量有开关型常量、数值型常量和字符型常量三种。

① 开关型常量：0 或非 0 的整数，通常 0 表示关，非 0 表示开。

② 数值型常量：带小数点或不带小数点的数值，如 12.45,100。

③ 字符型常量：双引号内的字符串，如"OK""正常"。

3）系统变量。MCGS系统定义的内部数据对象作为系统内部变量，在脚本程序中可自由使用。在使用系统变量时，变量的前面必须加符号"＄"，如＄Date。

4）系统函数。MCGS系统定义的内部函数，在脚本程序中可自由使用。在使用系统函数时，函数的前面必须加符号"！"，如!abs（）。

有关系统变量和系统函数详细的使用方法请参见《MCGS参考手册》。

（3）属性和方法

MCGS系统内的属性和方法都是相对于MCGS的对象来说的。

（4）MCGS对象

MCGS的对象形成一个对象树，树根从MCGS开始，MCGS对象的属性就是系统变量，MCGS对象的方法就是系统函数。MCGS对象下面有"用户窗口"对象、"设备"对象、"数据对象"等子对象。"用户窗口"以各个用户窗口为子对象，每个用户窗口对象以这个窗口里的动画构件为子对象。

（5）事件

在MCGS的动画界面组态中可以组态处理动画事件。动画事件是在某个对象上发生的，它可能是带参数也可能是没有带参数的动作驱动源。例如，用户窗口上可以发生事件 Load，Unload，分别在用户窗口打开和关闭时触发。可以针对这两个事件组态一段脚本程序，当事件触发时（用户窗口打开或关闭时）被调用。

（6）表达式

由数据对象（包括设计者在实时数据库中定义的数据对象、系统内部数据对象和系统函数）、括号和各种运算符组成的运算式称为表达式，表达式的计算结果称为表达式的值。

当表达式中包含有逻辑运算符或比较运算符时，表达式的值只可能为 0（条件不成立，假）或非 0（条件成立，真），这类表达式称为逻辑表达式；

当表达式中只包含算术运算符，表达式的运算结果为具体的数值时，这类表达式称为算术表达式；

常量或数据对象是狭义的表达式，这些单个量的值即为表达式的值。

表达式值的类型即为表达式的类型，必须是开关型、数值型和字符型三种类型中的一种。

1）算术运算符，包括：＋（加法）、－（减法）、＊（乘法）、/（除法）、Mod（取模运算）、\（整除）。

2）逻辑运算符，包括：AND（逻辑与）、NOT（逻辑非）、OR（逻辑或）、XOR（逻辑异或）。

3）比较运算符，包括：＞（大于）、＞＝（大于等于）、＝［等于（注意，字符串的比较需要使用字符串函数!StrCmp，不能直接使用等于运算符）］、＜＝（小于等于）、＜（小于）、＜＞（不等于）。

4）运算符优先级别。按照优先级从高到低的顺序，各个运算符排序如下：

```
( )
∧
*、/、\、Mod
+、-
<、>、<=、>=、=、<>
NOT
AND、OR、XOR
```

表达式是构成脚本程序的最基本元素，在 MCGS 的部分组态中也常常需要通过表达式来建立实时数据库与其对象的连接关系，正确输入和构造表达式是 MCGS 的一项重要工作。

（7）基本辅助函数

作为脚本语言的一部分，MCGS 提供了基本辅助函数，这些函数主要不是作为组态软件的功能提供的，而是为了完成脚本语言的功能提供的。这些函数包括以下几类：位操作函数、数学函数、字符串函数、时间函数。

（8）功能函数

为了提供辅助的系统功能，MCGS 提供了功能函数。功能函数主要包括以下几类：运行环境函数、数据对象函数、系统函数、用户登录函数、定时器操作、文件操作、ODBC 函数、配方操作函数等。

具体函数的使用方法可以参照《MCGS 参考手册》中的说明。

3. 脚本程序基本语句

MCGS 脚本程序是为了实现某些多分支流程的控制及操作处理，因此包括了几种最简单的语句，如赋值语句、条件语句、退出语句和注释语句。同时，为了提供一些高级的循环和遍历功能，还提供了循环语句。所有的脚本程序都可由这五种语句组成，当需要在一个程序行中包含多条语句时，各条语句之间须用";"分开。程序行也可以是没有任何语句的空行。大多数情况下，一个程序行只包含一条语句，赋值程序行中根据需要可在一行上放置多条语句。

（1）赋值语句

赋值语句的形式为：数据对象＝表达式。

赋值语句用赋值号（＝）来表示，它具体的含义是：把"＝"右边表达式的运算值赋给左边的数据对象。赋值号左边必须是能够读写的数据对象，如开关型数据、数值型数据及能进行写操作的内部数据对象，而组对象、事件型数据对象、只读的内部数据对象、系统函数及常量均不能出现在赋值号的左边，因为不能对这些对象进行写操作。

赋值号的右边为一个表达式，表达式的类型必须与左边数据对象值的类型相符合，否则系统会提示"赋值语句类型不匹配"的错误信息。

（2）条件语句

条件语句有如下三种形式：

    if [表达式] then [赋值语句或退出语句]
    if [表达式] then [语句] end if
    if [表达式] then [语句] else [语句] end if

条件语句中的四个关键字"if""then""else""end if"不区分大小写。如果拼写不正确，检查程序会提示出错信息。

条件语句允许多级嵌套，即条件语句中可以包含新的条件语句。MCGS 脚本程序的条件语句最多可以有 8 级嵌套，为编制多分支流程的控制程序提供了可能。

"if"语句的表达式一般为逻辑表达式，也可以是值为数值型的表达式，当表达式的值为非 0 时，条件成立，执行"then"后的语句，否则，条件不成立，将不执行该条件块中包含的语句，开始执行该条件块后面的语句。

值为字符型的表达式不能作为"if"语句中的表达式。

（3）循环语句

循环语句为 while 和 end while，其结构为

    while[条件表达式]
    ……
    end while

当条件表达式成立时（非零），循环执行 while 和 end while 之间的语句，直到条件表达式不成立（为零），退出。

（4）退出语句

退出语句为"exit"，用于中断脚本程序的运行，停止执行其后面的语句。一般在条件语句中使用退出语句，以便在某种条件下停止并退出脚本程序的执行。

（5）注释语句

以单引号开头的语句称为注释语句。注释语句在脚本程序中只起到注释说明的作用，实际运行时，系统不对注释语句作任何处理。

### 4. 脚本程序举例

以水平移动循环脚本程序为例，说明脚本程序的意义。

| 程序语句 | 说明 |
| --- | --- |
| if 水平移动＜＝500 then | 如果水平移动的构件小于等于 500 的距离 |
| 水平移动＝水平移动＋10 | 水平移动的构件就按 10 的速度移动 |
| else | 其他情况 |
| 水平移动＝0 | 水平不移动 |
| end if | 结束 |

## 4.1.2　工程任务要求

（1）任务

用 TPC7062KD 触摸屏与三菱 FX 系列 PLC 实现如图 4.1.1 所示的道路交通灯示意图的控制。

（密码: mcgs）

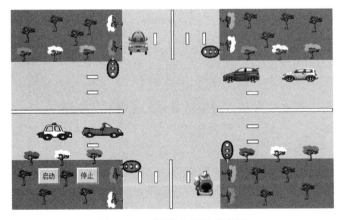

图 4.1.1　道路交通灯示意图

（2）任务要求

1）按照图 4.1.1 所示的道路交通灯示意图构建控制界面。

2）在触摸屏上能够实现启动、停止的控制。

3）启动后，南北方向红灯点亮、东西方向绿灯点亮。东西方向绿灯点亮 10s 后开始闪烁（闪烁时间间隔为 1s），闪烁 3 次后，东西方向黄灯点亮。

4）东西方向黄灯点亮 3s 后，东西方向红灯点亮、南北方向绿灯点亮。南北方向绿灯点亮 10s 后开始闪烁（闪烁时间间隔为 1s），闪烁 3 次后，南北方向黄灯点亮，黄灯点亮 3s。

5）依次循环，直到停止。

6）当绿灯点亮时，对应方向的车辆能够移动。

### 4.1.3　PLC 程序设计

（1）绘制元件地址分配表

元件地址分配表见表 4.1.1。

**表 4.1.1　道路交通灯控制元件地址分配表**

| 元件地址 | 功　能 | 元件地址 | 功　能 |
|---|---|---|---|
| X0 | 按钮启动 | T4 | 黄灯定时 |
| X1 | 按钮停止 | C0 | 闪烁计数 |
| M0 | TPC 启动 | Y0 | 东西方向绿灯 |
| M1 | TPC 停止 | Y1 | 东西方向黄灯 |
| T0 | 东西方向绿灯定时 | Y2 | 东西方向红灯 |
| T1 | 南北方向绿灯定时 | Y3 | 南北方向绿灯 |
| T2 | 东西方向绿灯闪烁 | Y4 | 南北方向黄灯 |
| T3 | 南北方向绿灯闪烁 | Y5 | 南北方向红灯 |

（2）绘制 I/O 接线图

I/O 接线图如图 4.1.2 所示。

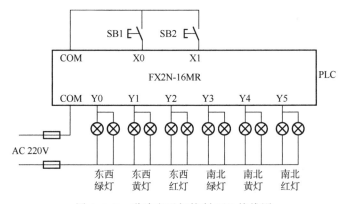

图 4.1.2　道路交通灯控制 I/O 接线图

（3）根据控制要求编写 PLC 控制程序

参考程序梯形图如图 4.1.3 所示。

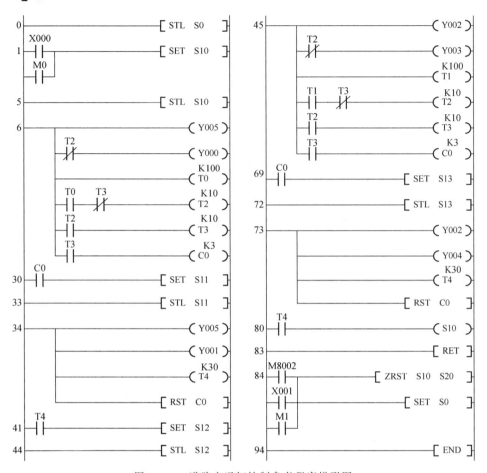

图 4.1.3　道路交通灯控制参考程序梯形图

### 4.1.4　触摸屏组态控制设计

#### 1. 工程的建立

按照前述建立工程的方法建立工程，并命名，另存为"道路交通灯控制"。

（密码：mcgs）

#### 2. 实时数据库的建立

在 MCGS 中，用数据对象来描述系统中的实时数据，用对象变量代替传统意义上的值变量，把数据库技术管理的所有数据对象的集合称为实时数据库。

实时数据库是 MCGS 系统的核心，是应用系统的数据处理中心。系统各个部分均以实时数据库为公用区交换数据，实现各个部分的协调动作。

设备窗口通过设备构件驱动外部设备，将采集的数据送入实时数据库；由用户窗口组成的图形对象与实时数据库中的数据对象建立连接关系，以动画形式实现数据的可视化；运行策略通过策略构件对数据进行操作和处理。

本课题按照表 4.1.2 所示的实时数据库建立数据。

表 4.1.2　道路交通灯实时数据库数据

| 数据名称 | 数据类型 | 说　明 | 数据名称 | 数据类型 | 说　明 |
|---|---|---|---|---|---|
| 启动 | 开关型 | TPC 控制 | 南北方向黄灯 | 开关型 | — |
| 停止 | 开关型 | TPC 控制 | 南北方向红灯 | 开关型 | — |
| 东西方向绿灯 | 开关型 | — | 东方向车辆 | 数值型 | 显示车辆移动 |
| 东西方向黄灯 | 开关型 | — | 西方向车辆 | 数值型 | 显示车辆移动 |
| 东西方向红灯 | 开关型 | — | 南方向车辆 | 数值型 | 显示车辆移动 |
| 南北方向绿灯 | 开关型 | — | 北方向车辆 | 数值型 | 显示车辆移动 |

实时数据库建立方法及步骤：

1）单击"实时数据库"，在"实时数据库"中单击"成组增加"，弹出如图 4.1.4 所示的"成组增加数据对象"的对话框。

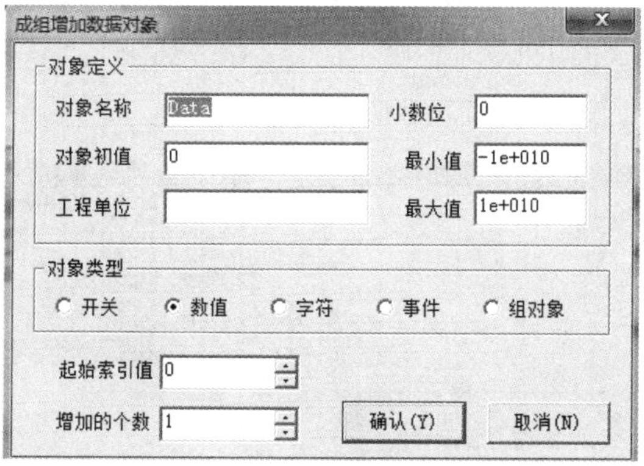

图 4.1.4　实时数据库建立数据对话框

点选"对象类型"中的"开关"，把"增加的个数"修改为"8"，单击"确认"。然后，把刚建立的 Data0～Data7 数据对象的名称分别修改为"启动""停止""东西方向绿灯""东西方向黄灯""东西方向红灯""南北方向绿灯""南北方向黄灯""南北方向红灯"。

2）同上，单击"实时数据库"，在"实时数据库"中单击"成组增加"，点选"对象类型"中的"数值"，把"增加的个数"修改为"4"，单击"确认"。

然后，把刚建立的 4 个数据对象的名称分别修改为"东方向车辆""西方向车辆""南方向车辆""北方向车辆"。

建立好的实时数据库如图 4.1.5 所示。

**3. 设备窗口组态**

1）在工作台的设备窗口中双击，进入设备组态的设备窗口，添加"通用串口父设备"和"设备 0－三菱＿＿FX 系列编程口"。

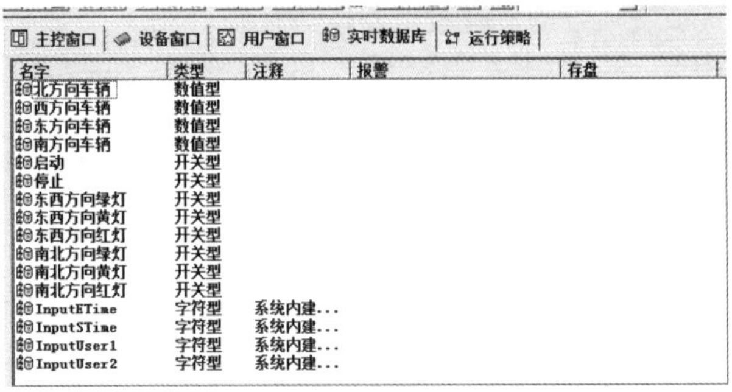

图 4.1.5　建立好的实时数据库

2）在"设备 0－三菱＿FX 系列编程口"中把默认的通道删除。

3）分别增加 Y0～Y5、M0、M1 通道。

4）分别双击添加的通道的"连接变量"（通道对应连接变量的空白处），连接数据库中的数据。

5）把 CPU 类型设置为实际使用的 PLC 类型。本课题使用的是三菱 FX2N 系列 PLC，故设置为"FX2NCPU"。

完成的设备窗口组态如图 4.1.6 所示。

图 4.1.6　完成的设备窗口组态

单击"确认"，保存，然后关闭设备窗口，完成设备组态。

4．用户窗口组态

在用户窗口中建立新画面"窗口 0"。把"窗口 0"修改为"交通灯控制"，单击"确认"。

（1）建立道路画面

1）选择工具箱中的矩形图标，在用户窗口中绘制四个合适的矩形，并双击矩形，设置矩形的填充颜色为绿色，作为草坪区域。接着绘制斑马线。

2）添加草坪边缘的树木。单击工具箱中的"插入元件"，在"其他"文件夹中选择"树"图元，调整大小后放置在草坪边缘合适的位置。

添加草坪中的树木。单击工具箱中的"插入元件"，在"其他"文件夹中选择"树"图元，插入"树"图元后单击菜单栏的"排列"中的"分解图符"，分解后把多余的枝叶去掉，再"构成图符"，调整大小，放置在草坪中合适的位置。完成后的道路画面如图 4.1.7 所示。

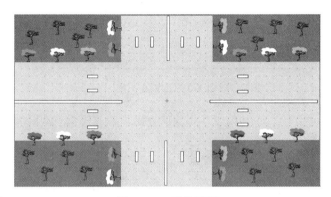

图 4.1.7 道路画面

（2）添加车辆

添加车辆有两种方法。一种方法是单击工具箱中的"插入元件"，在"对象元件管理"中的"车"文件夹中添加。这种添加的方式虽然简单，但是南北方向的车辆需要翻转调整，调整后的车辆画面看起来不美观。另一种方法是采用装载位图的方式添加车辆，添加方法如下：

1）单击工具箱中的位图按钮 ，在画面中添加一个如图 4.1.8 所示的位图图形框。

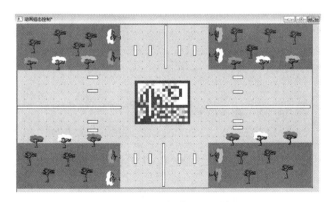

图 4.1.8 添加位图图形框

2）右键单击该位图，从弹出的快捷菜单中选择"装载位图"选项，在事先准备好的位图中根据方向装载相应的车辆位图（位图的格式为 bmp，大小为 292×114），如图 4.1.9 所示。

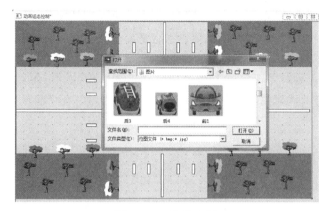

图 4.1.9　装载位图

装载后调整至适合的大小，放置在相应的方向。装载完成后的画面如图 4.1.10 所示。

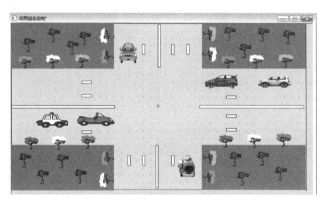

图 4.1.10　车辆添加完成的画面

（3）设置车辆动画

1）东方向车辆动画设置。双击东方向车辆，弹出一个如图 4.1.11 所示的对话框，勾选"水平移动"，在"水平移动"选项中，表达式连接"东方向车辆"，最大移动偏移量设置为"800"，表达式的值设置为"800"，如图 4.1.12 所示。

图 4.1.11　车辆动画组态设置对话框

图 4.1.12　东方向车辆动画连接

2）西方向车辆动画设置。双击西方向车辆，按照东方向车辆动画设置的方法设置，只是表达式连接"西方向车辆"，其他不变。

3）北方向车辆动画设置。双击北方向车辆，弹出一个如图 4.1.11 所示的对话框，勾选"垂直移动"，在"垂直移动"选项中，表达式连接"北方向车辆"，最大移动偏移量设置为"500"，表达式的值设置为"500"。

4）南方向车辆动画设置。双击南方向车辆，按照北方向车辆动画设置的方法设置，只是表达式连接"南方向车辆"，其他不变。

**注意**："最大移动偏移量"及"表达式的值"的设置根据运行距离实际情况而定。

（4）添加与设置交通灯

1）单击工具箱中的"插入元件"构件，弹出"对象元件管理"对话框，在对话框中找到"图形对象库"中的"指示灯"文件夹，选择"指示灯 19"，并根据窗口的情况调整至合适的大小，分别放置在四个方向，如图 4.1.13 所示。

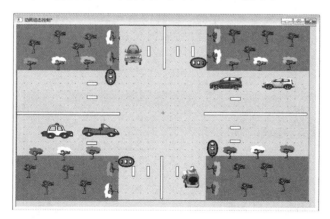

图 4.1.13　添加交通灯

2）分别双击东方向和西方向交通灯，弹出一个如图 4.1.14 所示的"单元属性设置"对话框。

图 4.1.14　交通灯单元属性设置对话框

点选"动画连接"，在"动画连接"中分别选中"可见度"，单击"＞"，此时弹出一个如图 4.1.15 所示的对话框。

图 4.1.15　交通灯可见度单元属性设置对话框

在此对话框中，将"表达式"中的"@数值量＝1""@数值量＝2""@数值量＝3"分别修改为选择"东西方向红灯＝1""东西方向绿灯＝1""东西方向黄灯＝1"，如图 4.1.16 所示，然后确认，完成设置。

图 4.1.16　交通灯表达式设置完成

3）同理，分别双击南方向和北方向交通灯，按照东、西方向交通灯的设置方法设置，只是将"表达式"中的"@数值量＝1""@数值量＝2""@数值量＝3"分别修改为选择"南北方向红灯＝1""南北方向绿灯＝1""南北方向黄灯＝1"。

（5）添加与设置按钮

按照前面学习的内容添加设置"启动""停止"按钮。完成的用户窗口如图 4.1.17 所示。

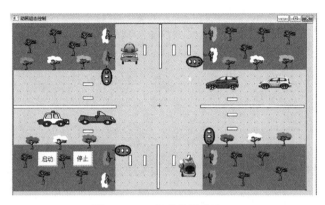

图 4.1.17　完成的用户窗口

### 4.1.5　循环脚本程序编写

虽然在用户窗口组态画面时对相应的对象元件进行了设置，但要使画面中的车辆移动起来，还要进行循环脚本程序的编写。

在用户窗口中双击空白处，弹出如图 4.1.18 所示的"用户窗口属性设置"对话框，选择"循环脚本"选项卡。进入"循环脚本"后，先将"循环时间"设定为"200ms"，单击"打开脚本编辑器"，在编辑器中编写如下参考脚本程序：

```
if 东西方向红灯＝1 and 南北方向红灯＝1 then
东方向车辆＝0
西方向车辆＝0
北方向车辆＝0
南方向车辆＝0
end if
if 东西方向绿灯＝1 or 南北方向红灯＝1 then
东方向车辆＝东方向车辆－4
西方向车辆＝西方向车辆＋4
else
东方向车辆＝0
西方向车辆＝0
end if
if 南北方向绿灯＝1 or 东西方向红灯＝1 then
```

北方向车辆＝北方向车辆＋4

南方向车辆＝南方向车辆－4

else

北方向车辆＝0

南方向车辆＝0

end if

图 4.1.18　循环脚本程序编辑对话框

### 4.1.6　连机运行

1）打开三菱 PLC 编程软件，将图 4.1.3 所示的参考程序下载到三菱 FX 系列 PLC 中。

2）将组态好的工程下载到 TPC7062KD 触摸屏中。

3）用 TPC-FX 通信电缆将 TPC7062KD 触摸屏与三菱 PLC 连接。

4）按照图 4.1.2 所示的道路交通灯控制 I/O 接线图将系统连接好。

5）通电运行，观察是否达到任务控制要求。

（密码: mcgs）

### 4.1.7　实训操作

（1）实训目的

1）熟悉工程建立、组态的过程和方法。

2）会进行工程建立、组态。

3）会编写循环脚本程序。

4）会进行触摸屏与三菱 FX 系列 PLC 的连机运行。

（2）实训设备

计算机（安装有 PLC 编程软件、MCGS 嵌入版组态软件）、FX2N-16MR 型三菱 PLC、TPC7062KD 触摸屏、TPC-FX 和 USB-TPC（D）通信电缆、开关板（600mm×600mm）、熔断器、交流接触器、热继电器、组合开关、行程开关、导线等。

（3）任务要求

根据图 4.1.19 所示，在规定时间内正确完成触摸屏与三菱 FX 系列 PLC 控制工作台自动往返的任务。要求：

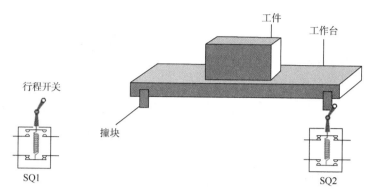

图 4.1.19　工作台自动往返工作示意图

1）按钮与触摸屏分别能实现往返启动、停止控制。

2）触摸屏能显示工作台往返的移动状态。

3）SQ1、SQ2 在触摸屏中只显示工作状态，不参与控制。

（4）注意事项

1）通电前必须在指导教师的监护和允许下进行。

2）要做到安全操作和文明生产。

3）触摸屏通道一定要与 PLC 程序地址对应，否则不能正常运行。

（5）评分

评分细则见评分表。

**"触摸屏与 PLC 控制工作台自动往返实训操作"技能自我评分表**

| 项　目 | 技术要求 | 配分/分 | 评分细则 | 评分记录 |
|---|---|---|---|---|
| 工作前的准备 | 清点实训操作所需的设备器件 | 5 | 每漏检或错检一件，扣 1 分 | |
| 绘制 I/O 地址分配表和接线图 | 正确绘制 I/O 地址分配表和接线图 | 5 | 地址遗漏，每处扣 1 分<br>接线图绘制错误，每处扣 1 分 | |
| 安装接线 | 按照 PLC 控制 I/O 接线图正确、规范安装线路 | 10 | 线路布置不整齐、不合理，每处扣 2 分<br>接线不规范，每根扣 0.5 分<br>不按 I/O 接线图接线，每处扣 5 分<br>损坏元件，每个扣 5 分 | |
| PLC 程序设计 | 1. 按照控制要求设计梯形图<br>2. 将程序熟练写入 PLC 中 | 20 | 不能正确达到功能要求，每处扣 5 分 | |
| | | | 地址与 I/O 分配表和接线图不符，每处扣 5 分 | |
| | | | 不会将程序写入 PLC 中，扣 10 分 | |
| | | | 将程序写入 PLC 中不熟练，扣 10 分 | |

续表

| 项　目 | 技术要求 | 配分/分 | 评分细则 | 评分记录 |
|---|---|---|---|---|
| MCGS 组态设计 | 1. 按照任务要求设计控制画面<br>2. 元件属性设置熟练<br>3. 组态设备熟练<br>4. 会编写循环脚本程序 | 30 | 不会设计组态画面，此项不得分 | |
| | | | 达不到控制要求，每处扣 5 分 | |
| | | | 界面不美观，扣 5 分 | |
| | | | 不会组态设备，扣 10 分 | |
| | | | 组态设备不熟练，扣 5 分 | |
| | | | 不会编写循环脚本程序，扣 10 分 | |
| 运行调试 | 正确运行调试 | 10 | 不会联机调试程序，扣 10 分<br>联机调试不熟练，扣 5 分<br>不会监控调试，扣 5 分 | |
| 清洁 | 设备器件、工具摆放整齐，工作台清洁 | 10 | 乱摆放设备器件、工具，乱丢杂物，完成任务后不清理工位，扣 10 分 | |
| 安全生产 | 安全着装，按操作规程安全操作 | 10 | 没有安全着装，扣 5 分<br>操作不规范，扣 5 分<br>出现事故，总分计 0 分 | |
| 定额工时 180min | 超时，此项从总分中扣分 | | 每超过 5min，扣 3 分 | |

# 思　考　题

1. 脚本程序在 MCGS 组态软件中有哪四种应用场合？

2. 试解释下列循环脚本程序的意义。

```
if 启动＝1 and 水平移动＜＝300 then
水平移动＝水平移动＋10
end if
if 启动＝1 and 水平移动＞0 then
水平移动＝水平移动-10
end if
```

# 课题 4.2　水塔自动供水系统控制

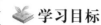 **学习目标**

1. 会工程建立、组态。
2. 会动态画面的组态。
3. 会加载位图。
4. 会编写脚本程序。
5. 会触摸屏与三菱 FX 系列 PLC 的连机运行。

## 4.2.1　工程任务要求

（1）任务

用 TPC7062KD 触摸屏与三菱 FX 系列 PLC 实现如图 4.2.1 所示的水塔自动供水系统控制。

（密码: mcgs）

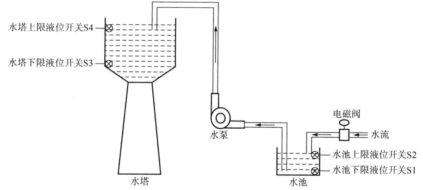

图 4.2.1　水塔自动供水系统控制示意图

（2）任务要求

1）在触摸屏上能够实现启动、停止的控制。

2）系统启动后，如果水池液位低于下限（S1 位置），自动打开电磁阀，给水池供水，当水池液位到达上限（S2 位置），关闭电磁阀。

3）如果水塔液位低于下限（S3 位置），且水池液位不低于下限（S1 位置），则水泵运行开启，给水塔供水，直到水塔液位达到上限（S4 位置）。

4）水塔供水过程中，如果水池液位低于下限（S1 位置），立即停止水塔供水，打开电磁阀，给水池供水。

5）触摸屏能显示水池、水塔的液位变化。

6）管道能显示液体的流动状态。

7）触摸屏能显示运行状态。

## 4.2.2　PLC 程序设计

（1）绘制元件地址分配表

水塔自动供水系统控制元件地址分配见表 4.2.1。

**表 4.2.1　水塔自动供水系统控制元件地址分配表**

| 元件地址 | 功　能 | 元件地址 | 功　能 |
|---|---|---|---|
| X0 | 按钮启动 | M0 | TPC 启动 |
| X1 | 按钮停止 | M1 | TPC 停止 |
| X2（S1） | 水池液位下限 | Y0 | 电磁阀 |
| X3（S2） | 水池液位上限 | Y1 | 水泵 |
| X4（S3） | 水塔液位下限 | — | — |
| X5（S4） | 水塔液位上限 | — | — |

（2）绘制 I/O 接线图

水塔自动供水系统控制 I/O 接线图如图 4.2.2 所示。

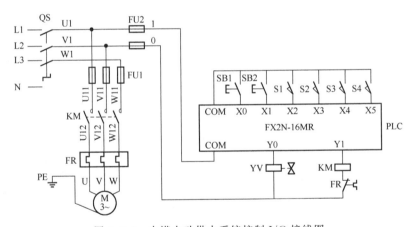

图 4.2.2　水塔自动供水系统控制 I/O 接线图

（3）根据控制要求编写 PLC 控制程序

水塔自动供水系统控制参考程序梯形图如图 4.2.3 所示。

## 4.2.3　触摸屏组态控制设计

### 1. 工程的建立

按照前述建立工程的方法建立工程，并命名，另存为"水塔自动供水系统控制"。

（密码：mcgs）

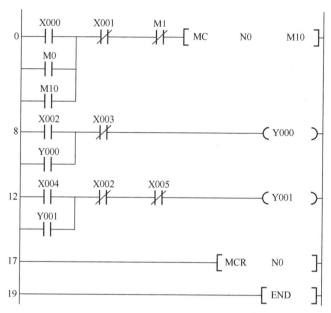

图 4.2.3　水塔自动供水系统控制参考程序梯形图

## 2. 实时数据库的建立

按照表 4.2.2 所示的水塔自动供水系统控制实时数据库建立数据，建好的实时数据库如图 4.2.4 所示。

**表 4.2.2　水塔自动供水系统控制实时数据库数据**

| 数据名称 | 数据类型 | 说　明 | 数据名称 | 数据类型 | 说　明 |
|---|---|---|---|---|---|
| 启动 | 开关型 | TPC 控制 | 水塔液位上限 | 开关型 | — |
| 停止 | 开关型 | TPC 控制 | 电磁阀 | 开关型 | — |
| 水池液位下限 | 开关型 | — | 水泵 | 开关型 | — |
| 水池液位上限 | 开关型 | — | 水池液位 | 数值型 | 显示液位变化 |
| 水塔液位下限 | 开关型 | — | 水塔液位 | 数值型 | 显示液位变化 |

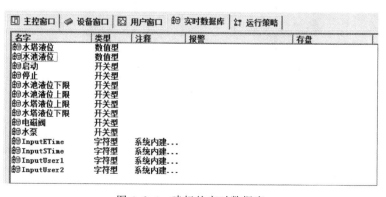

图 4.2.4　建好的实时数据库

**3. 设备窗口组态**

完成的设备窗口组态如图 4.2.5 所示。

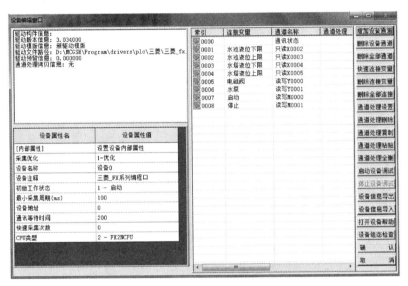

图 4.2.5　完成的设备窗口组态

**4. 用户窗口组态**

在用户窗口中建立新的"窗口 0"，把"窗口 0"修改为"水塔自动供水系统控制"，单击"确认"。

（1）添加水塔

1）利用工具箱中"常用符号"的梯形图图标及直线在用户窗口中绘制出水塔的形状，在水塔的塔顶内绘制一个矩形框，并将填充颜色、边线颜色设置为蓝色，完成后的水塔画面如图 4.2.6 所示。

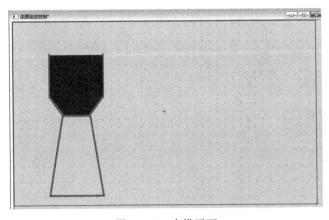

图 4.2.6　水塔画面

2）水塔动画设置。双击水塔填充颜色矩形框，弹出一个如图4.2.7所示的对话框，勾选"大小变化"。

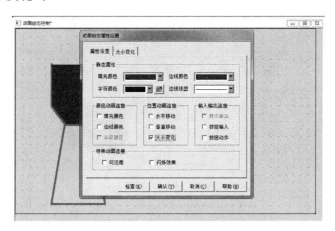

图4.2.7    水塔动画组态属性设置对话框

在"大小变化"选项中，表达式连接"水塔液位"，"最大变化百分比"设置为"100"，"表达式的值"设置为"100"，"变化方向"设置为朝上，如图4.2.8所示。

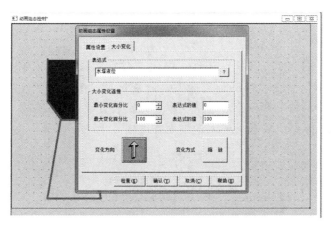

图4.2.8    水塔动画连接

（2）添加水池

1）利用工具箱中的直线，在用户窗口中绘制出水池形状，在水池内绘制一个矩形框，并将填充颜色、边线颜色设置为蓝色，完成后的水塔与水池画面如图4.2.9所示。

2）水池动画设置。设置方式与水塔动画相同，只是表达式连接"水池液位"。

（3）添加电磁阀与水泵

单击工具箱中的"插入元件"构件，弹出"对象元件管理"对话框。在对话框中找到"图形对象库"中的"泵"文件夹，选择"泵40"，"阀"文件夹选择"阀56"，并根据窗口的情况调整至合适的大小，分别放置在合适的位置。

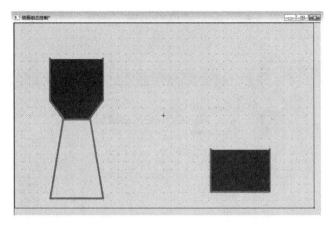

图 4.2.9　水塔与水池画面

双击"水泵",在水泵的"单元属性设置"对话框中选中"动画连接",在"动画连接"中选择"填充颜色",单击">"按钮,把表达式设置为"水泵",完成水泵的动画连接。

双击"电磁阀",在电磁阀的"单元属性设置"对话框中选中"动画连接",在"动画连接"中选择"填充颜色",单击">"按钮,把表达式设置为"电磁阀",完成水泵的动画连接。

(4) 添加管道

单击工具箱中的"插入元件"构件,弹出"对象元件管理"对话框,在对话框中找到"图形对象库"中的"管道"文件夹,分别选择"管道 96""管道 99""管道 100",并根据窗口的情况调整至合适的大小,分别放置在合适的位置。

添加电磁阀、水泵、管道后的水池画面如图 4.2.10 所示。

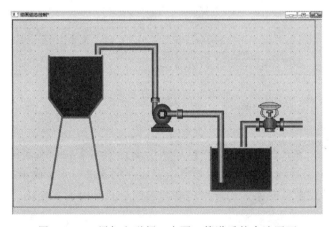

图 4.2.10　添加电磁阀、水泵、管道后的水池画面

(5) 添加管道液体流动块

单击工具箱中的流动块图标 ，顺着液体流动方向添加流动块,然后调整好流动

块的大小，放置在相应管道的中央。

分别双击与水泵连接的管道上的流动块，在"流动块构件属性设置"的"基本属性"中，将边线颜色设置为"无边线颜色"；分别将"流动属性""可见度属性"的表达式设置为"水泵＝1"。

分别双击与电磁阀连接的管道上的流动块，在"流动块构件属性设置"的"基本属性"中，将边线颜色设置为"无边线颜色"；分别将"流动属性""可见度属性"的表达式设置为"电磁阀＝1"。

流动块添加完成的画面如图 4.2.11 所示。

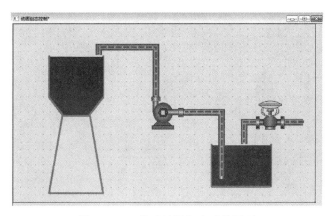

图 4.2.11　流动块添加完成的画面

（6）按钮添加与设置

按照前面学习的内容添加设置"启动""停止"按钮。

（7）指示灯添加与设置

按照前面学习的内容添加设置"水塔上限液位""水塔下限液位""水池上限液位""水池下限液位"指示灯。

（8）添加标签

标签添加完成后的用户窗口如图 4.2.12 所示。

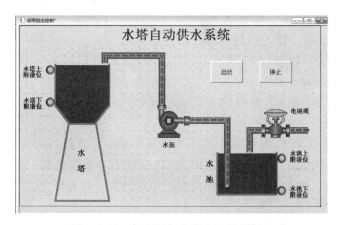

图 4.2.12　标签添加完成后的用户窗口

### 4.2.4　循环脚本程序编写

在用户窗口中双击空白处，弹出"用户窗口属性设置"对话框，单击"循环脚本"。进入"循环脚本"后，先将"循环时间"设定为"200ms"。单击"打开脚本编辑器"，在编辑器中编写如下参考脚本程序：

```
if 水泵＝1 and 水塔液位＜＝100 then
水塔液位＝水塔液位＋2
end if
if 水泵＝0 and 水塔液位＜＞0 then
水塔液位＝水塔液位－2
end if
if 电磁阀＝1 and 水池液位＜＝100 then
水池液位＝水池液位＋2
end if
if 电磁阀＝0 and 水池液位＜＞0 then
水池液位＝水池液位－2
end if
```

### 4.2.5　连机运行

1）打开三菱 PLC 编程软件，将图 4.2.3 所示的水塔自动供水系统控制参考程序下载到三菱 FX 系列 PLC 中。

2）将组态好的工程下载到 TPC7062KD 触摸屏中。

3）用 TPC-FX 通信电缆将 TPC7062KD 触摸屏与三菱 PLC 连接。

4）按照图 4.2.2 所示的水塔自动供水系统控制 I/O 接线图将系统连接好。

5）通电运行，观察是否达到任务控制要求。

（密码：mcgs）

### 4.2.6　实训操作

（1）实训目的

1）熟悉工程建立、组态的过程和方法。

2）会工程建立、组态。

3）会编写循环脚本程序。

4）会触摸屏与三菱 FX 系列 PLC 的连机运行。

（2）实训设备

计算机（安装有 PLC 编程软件、MCGS 嵌入版组态软件）、FX2N-16MR 型三菱 PLC、TPC7062KD 触摸屏、TPC-FX 和 USB-TPC(D)通信电缆、开关板（600mm×600mm）、熔断器、交流接触器、热继电器、组合开关、行程开关、导线等。

（3）任务要求

根据图 4.2.13，在规定时间内正确完成触摸屏与三菱 FX 系列 PLC 控制储水罐自

动供水系统。要求:

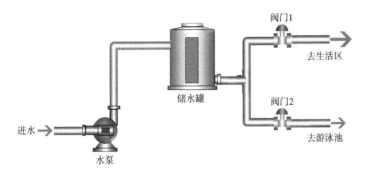

图 4.2.13　储水罐自动供水系统示意图

1）在触摸屏上能够实现系统启动、停止的控制。

2）系统启动后，如果储水罐液位低于 20％，自动启动水泵，给储水罐供水；当储水罐液位达到 100％，自动停止水泵。

3）当阀门 1 和阀门 2 打开任何一个时，储水罐液位下降；当储水罐液位低于 20％，自动关闭打开的阀门，自动启动水泵，给储水罐供水；当储水罐液位达到 100％，自动停止水泵。

4）触摸屏能显示储水罐液位的变化。

5）管道能显示液体流动的状态。

6）触摸屏能显示运行状态。

（4）注意事项

1）通电前必须在指导教师的监护和允许下进行。

2）要做到安全操作和文明生产。

3）触摸屏通道一定要与 PLC 程序地址对应，否则不能正常运行。

（5）评分

评分细则见评分表。

**"触摸屏与 PLC 控制储水罐自动供水系统实训操作" 技能自我评分表**

| 项　目 | 技术要求 | 配分/分 | 评分细则 | 评分记录 |
|---|---|---|---|---|
| 工作前的准备 | 清点实训操作所需的设备器件 | 5 | 每漏检或错检一件，扣 1 分 | |
| 绘制 I/O 地址分配表和接线图 | 正确绘制 I/O 地址分配表和接线图 | 5 | 地址遗漏，每处扣 1 分<br>接线图绘制错误，每处扣 1 分 | |
| 安装接线 | 按照 PLC 控制 I/O 接线图正确、规范安装线路 | 10 | 线路布置不整齐、不合理，每处扣 2 分<br>接线不规范，每根扣 0.5 分<br>不按 I/O 接线图接线，每处扣 5 分<br>损坏元件，每个扣 5 分 | |

续表

| 项 目 | 技术要求 | 配分/分 | 评分细则 | 评分记录 |
|---|---|---|---|---|
| PLC 程序设计 | 1. 按照控制要求设计梯形图<br>2. 将程序熟练写入 PLC 中 | 20 | 不能正确达到功能要求，每处扣 5 分 | |
| | | | 地址与 I/O 分配表和接线图不符，每处扣 5 分 | |
| | | | 不会将程序写入 PLC 中，扣 10 分 | |
| | | | 将程序写入 PLC 中不熟练，扣 10 分 | |
| MCGS 组态设计 | 1. 按照任务要求设计控制画面<br>2. 元件属性设置熟练<br>3. 组态设备熟练<br>4. 会编写循环脚本程序 | 30 | 不会设计组态画面，此项不得分 | |
| | | | 达不到控制要求，每处扣 5 分 | |
| | | | 界面不美观，扣 5 分 | |
| | | | 不会组态设备，扣 10 分 | |
| | | | 组态设备不熟练，扣 5 分 | |
| | | | 不会编写循环脚本程序，扣 10 分 | |
| 运行调试 | 正确运行调试 | 10 | 不会联机调试程序，扣 10 分<br>联机调试不熟练，扣 5 分<br>不会监控调试，扣 5 分 | |
| 清洁 | 设备器件、工具摆放整齐，工作台清洁 | 10 | 乱摆放设备器件、工具，乱丢杂物，完成任务后不清理工位，扣 10 分 | |
| 安全生产 | 安全着装，按操作规程安全操作 | 10 | 没有安全着装，扣 5 分<br>操作不规范，扣 5 分<br>出现事故，总分计 0 分 | |
| 定额工时 180min | 超时，此项从总分中扣分 | | 每超过 5min，扣 3 分 | |

# 思 考 题

1. 在本课题中，如果让水池保持 10% 的水位，动画组态属性怎样设置？
2. 试解释下列循环脚本程序的意义。

    if 启动＝1 or 垂直移动＝100 then

    垂直移动＝垂直移动＋4

    else

    垂直移动＝0

    end if

    if 启动＝1 and 垂直移动＜＞0 then

    垂直移动＝垂直移动－10

    end if

# 课题 4.3　多种液体混合搅拌系统控制

 **学习目标**

1. 会工程建立、组态。
2. 会动态画面的组态。
3. 会加载位图。
4. 会编写脚本程序。
5. 会触摸屏与三菱 FX 系列 PLC 的连机运行。

## 4.3.1　工程任务要求

（1）任务

用 TPC7062KD 触摸屏与三菱 FX 系列 PLC 实现如图 4.3.1 所示的多种液体混合搅拌系统控制。

（密码：mcgs）

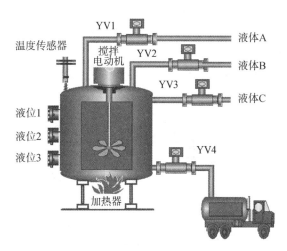

图 4.3.1　多种液体混合搅拌系统控制示意图

（2）任务要求

1）当系统启动后，电磁阀 YV1 打开，液体 A 注入容器。当液体到达液位 3 时，电磁阀 YV1 关闭，电磁阀 YV2 打开。

2）当液体到达液位 2 时，电磁阀 YV2 关闭，电磁阀 YV3 打开。

3）当液体到达液位 1 时，YV3 关闭，开始搅拌。

4）搅拌 10s 后，加热器开始加热，当混合液体温度达到指定值时，停止加热，电磁阀 YV4 打开放液。

5）当液体低于液位 3 时，延时 10s，关闭电磁阀 YV4。

如此循环工作，直到系统停止。

6）液体 A、液体 B、液体 C 分别为搅拌罐容积的 30％、40％、30％。

7）触摸屏能显示液位变化、搅拌器旋转运动、管道液体流动、车辆运动。

8）触摸屏能显示运行状态。

### 4.3.2 PLC 程序设计

（1）绘制元件地址分配表

多种液体混合搅拌系统控制元件地址分配表见表 4.3.1。

**表 4.3.1 多种液体混合搅拌系统控制元件地址分配表**

| 元件地址 | 功　能 | 元件地址 | 功　能 |
| --- | --- | --- | --- |
| X0 | 按钮启动 | M1 | TPC 停止 |
| X1 | 按钮停止 | Y0 | 搅拌电动机 |
| X2 | 液位 1 传感器 | Y1 | 电磁阀 YV1 |
| X3 | 液位 2 传感器 | Y2 | 电磁阀 YV2 |
| X4 | 液位 3 传感器 | Y3 | 电磁阀 YV3 |
| X5 | 温度传感器 | Y4 | 电磁阀 YV4 |
| M0 | TPC 启动 | Y5 | 加热器 |

（2）绘制 I/O 接线图

多种液体混合搅拌系统控制 I/O 接线图如图 4.3.2 所示。

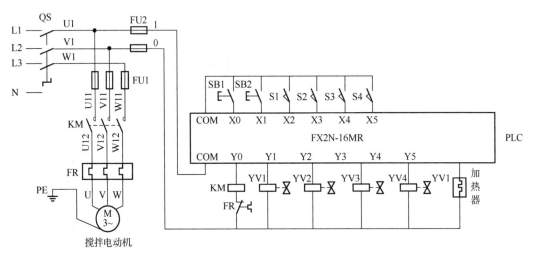

图 4.3.2 多种液体混合搅拌系统控制 I/O 接线图

（3）根据控制要求编写 PLC 控制程序

参考程序梯形图如图 4.3.3 所示。

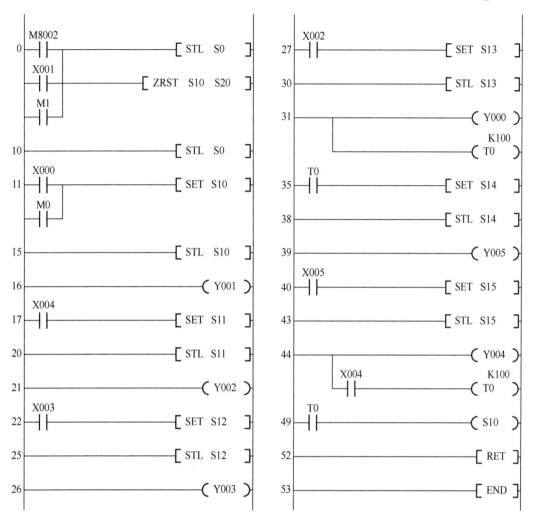

图 4.3.3 多种液体混合搅拌系统控制参考程序梯形图

### 4.3.3 触摸屏组态控制设计

1. 工程的建立

按照前述建立工程的方法建立工程,并命名,另存为"多种液体混合搅拌系统控制"。

（密码: mcgs）

2. 实时数据库的建立

按照表 4.3.2 所示的实时数据库建立数据,建好的实时数据库如图 4.3.4 所示。

表 4.3.2　多种液体混合搅拌系统控制实时数据库数据

| 数据名称 | 数据类型 | 说　明 | 数据名称 | 数据类型 | 说　明 |
|---|---|---|---|---|---|
| 启动 | 开关型 | TPC 控制 | 电磁阀 YV3 | 开关型 | — |
| 停止 | 开关型 | TPC 控制 | 电磁阀 YV4 | 开关型 | — |
| 液位 1 传感器 | 开关型 | — | 搅拌电动机 | 开关型 | — |
| 液位 2 传感器 | 开关型 | — | 加热器 | 开关型 | — |
| 液位 3 传感器 | 开关型 | — | 搅拌器 | 数值型 | 显示搅拌器的旋转 |
| 温度传感器 | 开关型 | — | 搅拌罐液位 | 数值型 | 显示搅拌罐液位变化 |
| 电磁阀 YV1 | 开关型 | — | 车罐液位 | 数值型 | 显示车辆储液罐液位变化 |
| 电磁阀 YV2 | 开关型 | — | 车辆 | 数值型 | 显示车辆的移动 |

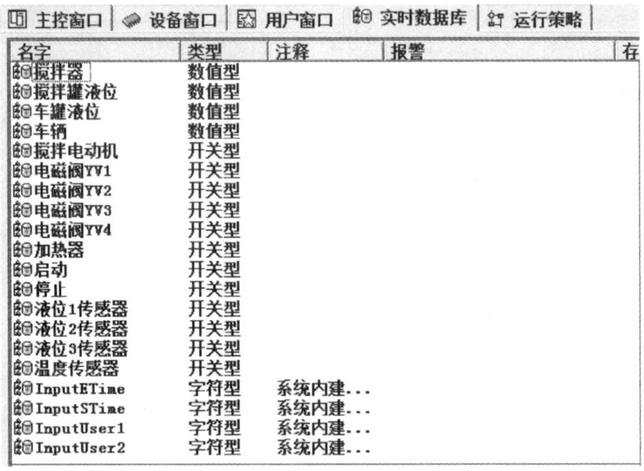

图 4.3.4　建好的实时数据库

### 3. 设备窗口组态

完成的设备窗口组态如图 4.3.5 所示。

图 4.3.5　完成的设备窗口组态

4. 用户窗口组态

在用户窗口中建立新画面"窗口 0"，把"窗口 0"修改为"多种液体混合搅拌系统控制"，单击"确认"。

（1）添加搅拌罐

单击工具箱中的"插入元件"构件，弹出"对象元件管理"对话框。在对话框中找到"图形对象库"中的"储藏罐"文件夹，选择"罐 53"，并根据窗口的情况调整至合适的大小，分别放置在合适的位置。

利用工具箱中"常用符号"的矩形、直线图标，在用户窗口中绘制搅拌罐的基座。

双击"搅拌罐"，在"单元属性设置"对话框中选中"动画连接"，选中"大小变化"，单击"＞"按钮，把表达式设置为"搅拌罐液位"，把"最大变化百分比"和"表达式的值"分别设置为"100"，"变化方向"选择朝上。

搅拌罐添加并设置完成的画面如图 4.3.6 所示。

（2）添加并设置电动机、搅拌器

单击工具箱中的"插入元件"构件，弹出"对象元件管理"对话框。在对话框中找到"图形对象库"中的"马达"文件夹，选择"马达 30"，在"搅拌器"文件夹中选择"搅拌器 3"，并根据窗口的情况调整至合适的大小，分别放置在合适的位置。

双击"电动机"，在电动机的"单元属性设置"对话框中选中"动画连接"，在"动画连接"中选择"填充颜色"，单击"＞"按钮，把表达式设置为"搅拌电动机"，完成电动机的动画连接。

电动机、搅拌器添加并设置完成的画面如图 4.3.7 所示。

图 4.3.6　搅拌罐添加并设置完成

图 4.3.7　电动机、搅拌器添加并设置完成

（3）添加并设置电磁阀、管道

单击工具箱中的"插入元件"构件，弹出"对象元件管理"对话框。在对话框中找到"图形对象库"中的"阀"文件夹，选择添加"阀 26"，在"管道"文件夹中分别选择

"管道96""管道99""管道100"，并根据窗口的情况调整至合适的大小，分别放置在合适的位置。

分别双击"电磁阀"，在电磁阀的"单元属性设置"对话框中选中"动画连接"，在"动画连接"中选择"填充颜色"，单击">"按钮，分别把表达式设置为"YV1""YV2""YV3""YV4"。

电磁阀、管道添加并设置完成的画面如图4.3.8所示。

（4）添加、设置液位传感器、温度传感器

单击工具箱中的"插入元件"构件，弹出"对象元件管理"对话框。在对话框中找到"图形对象库"中的"传感器"文件夹，分别选择"传感器4""传感器22"，作为"液位传感器""温度传感器"，并根据窗口的情况调整至合适的大小。三个液位传感器放置在搅拌罐左侧，温度传感器放置在搅拌罐左上侧。

分别双击三个液位传感器，在对话框中勾选"填充颜色"，点选"填充颜色"，将"表达式"分别设置为"液位1传感器""液位2传感器""液位3传感器"。

同理，设置温度传感器，只将其"表达式"设置为"温度传感器"即可。

液位传感器、温度传感器添加并设置完成的画面如图4.3.9所示。

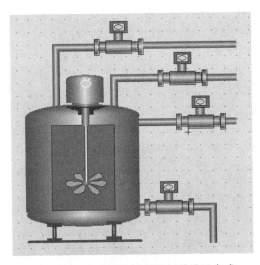 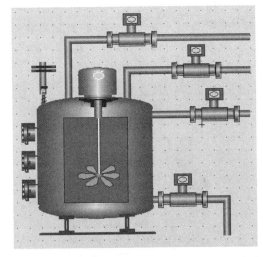

图4.3.8 电磁阀、管道添加并设置完成　　　图4.3.9 液位传感器、温度传感器添加并设置完成

（5）添加、设置管道液体流动块

单击工具箱中的流动块图标，顺着液体流动方向添加流动块，然后调整好流动块的大小，放置在相应管道的中央。

分别双击与各电磁阀连接的管道上的流动块，在"流动块构件属性设置"的"基本属性"中，将边线颜色设置为"无边线颜色"；分别将"流动属性""可见度属性"的表达式设置为"YV1""YV2""YV3""YV4"。

流动块添加并设置完成的画面如图4.3.10所示。

（6）添加、设置加热器

单击工具箱中的"插入元件"构件，弹出"对象元件管理"对话框。在对话框中找到"图形对象库"中的"标志"文件夹，选择"标志3"，并根据窗口的情况调整至合适的大小，放置在搅拌罐下方位置。

双击加热器，在对话框中勾选"闪烁效果"，在"闪烁效果"中将表达式设置为"加热器"，"闪烁速度"点选"快"，添加并设置完成后的画面如图4.3.11所示。

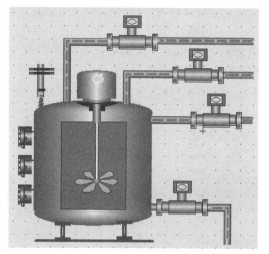

图 4.3.10　流动块添加并设置完成

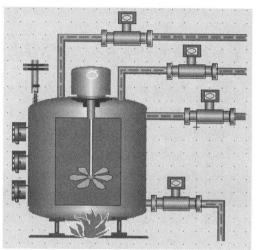

图 4.3.11　加热器添加并设置完成

（7）添加、设置油罐车

单击工具箱中的"插入元件"构件，弹出"对象元件管理"对话框。在对话框中找到"图形对象库"中的"车"文件夹，选择"油罐车2"，并根据窗口的情况调整至合适的大小，放置在画面的左下角位置。其设置方法如下：

1）分解油罐车。选中油罐车，单击菜单栏中的"排列"，先单击下拉菜单中的"分解单元"，再单击下拉菜单中的"分解图符"。

2）油罐液位设置。双击油罐车中的蓝色矩形框，弹出一个如图4.3.12所示的对话框，勾选"水平移动"和"垂直移动"。

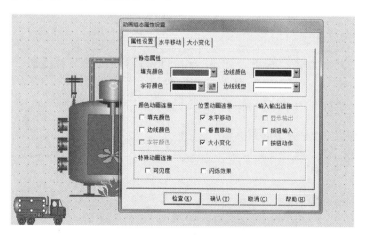

图 4.3.12　油罐液位设置对话框

选中"水平移动",把"表达式"设置为"车辆",把"最大移动偏移量"和"表达式的值"分别设置为"800"。

再选中"大小变化",把"表达式"设置为"车罐液位",把"最大变化百分比"和"表达式的值"分别设置为"100","变化方向"选择朝上。

3)油罐车设置。先把蓝色矩形框拖开,框选油罐车,单击菜单栏中的"排列",再单击下拉菜单栏中的"构成图符"。

双击油罐车,在弹出的对话框中选中"水平移动",把"表达式"设置为"车辆",把"最大移动偏移量"和"表达式的值"分别设置为"800"。

4)合成油罐车。先把蓝色矩形框拖回到油罐车原位。如果看不到蓝色矩形框,单击菜单栏中的"排列",再单击菜单栏中的"最前面"。

框选油罐车,单击菜单栏中的"排列",再单击菜单栏中的"合成单元"。

(8)按钮添加与设置

按照前面学习的内容添加并设置"启动""停止"按钮。

(9)添加标签

标签添加完成后的界面如图4.3.13所示。

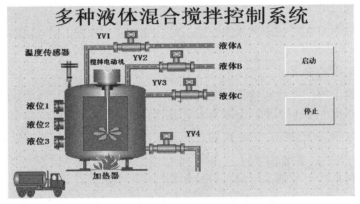

图 4.3.13  标签添加完成后的用户窗口

### 4.3.4  循环脚本程序编写

在用户窗口中,双击空白处,弹出"用户窗口属性设置"对话框。单击"循环脚本",进入"循环脚本"后,先将"循环时间"设定为"200ms"。单击"打开脚本编辑器",在编辑器中编写如下参考脚本程序:

(密码: mcgs)

```
if 电磁阀 YV1＝1 and 搅拌罐液位＜30 then
搅拌罐液位＝搅拌罐液位＋2
车辆＝0
车罐液位＝0
end if
if 电磁阀 YV2＝1 and 搅拌罐液位＜70 then
```

搅拌罐液位＝搅拌罐液位＋2

end if

if 电磁阀 YV3＝1 and 搅拌罐液位＜100 then

搅拌罐液位＝搅拌罐液位＋2

end if

if 搅拌电动机＝1 and 搅拌罐液位＝100 then

搅拌器＝1－搅拌器

end if

if 搅拌电动机＝1 and 车辆＜＝380 then

车辆＝车辆＋10

end if

if 电磁阀 YV4＝1 and 搅拌罐液位＞0 then

搅拌罐液位＝搅拌罐液位－1

end if

if 电磁阀 YV4＝1 and 车罐液位＜100 then

车罐液位＝车罐液位＋1

end if

if 电磁阀 YV4＝0 and 车罐液位＝100 and 车辆＜800 then

车辆＝车辆＋10

end if

### 4.3.5　连机运行

（密码: mcgs）

1）打开三菱 PLC 编程软件，将图 4.3.3 所示的参考程序下载到三菱 FX 系列 PLC 中。

2）将组态好的工程下载到 TPC7062KD 触摸屏中。

3）用 TPC-FX 通信电缆将 TPC7062KD 触摸屏与三菱 PLC 连接。

4）按照图 4.3.2 所示的多种液体混合搅拌系统控制 I/O 接线图将系统连接好。

5）通电运行，观察是否达到任务控制要求。

### 4.3.6　实训操作

（1）实训目的

1）熟悉工程建立、组态的过程和方法。

2）会工程建立、组态。

3）会编写循环脚本程序。

4）会触摸屏与三菱 FX 系列 PLC 的连机运行。

（2）实训设备

计算机（安装有 PLC 编程软件、MCGS 嵌入版组态软件）、FX2N-16MR 型三菱 PLC、TPC7062KD 触摸屏、TPC-FX 和 USB-TPC（D）通信电缆、开关板（600mm×

600mm）、熔断器、交流接触器、热继电器、组合开关、行程开关、导线等。

（3）任务要求

根据图 4.3.14 所示，在规定时间内正确完成触摸屏与三菱 FX 系列 PLC 控制混合液体系统。

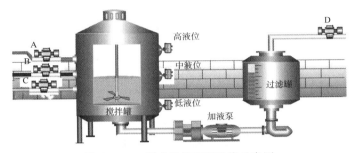

图 4.3.14　混合液体控制系统示意图

1）当系统启动后，电磁阀 A 打开，液体 A 注入容器。当液位达到 20％（低液位）时，电磁阀 A 关闭，电磁阀 B 打开。

2）当液位达到 60％（中液位）时，电磁阀 B 关闭，电磁阀 C 打开。

3）当液位达到 100％（高液位）时，电磁阀 C 关闭，开始搅拌。

4）搅拌 10s 后，开启加液泵，同时电磁阀 D 打开放液。

5）当液位低于低液位时，延时 10s，关闭加液泵电磁阀 D。

如此循环工作，直到系统停止。

6）触摸屏能显示液位变化、搅拌器的旋转运动和管道中液体的流动。

7）触摸屏能显示运行状态。

（4）注意事项

1）通电前必须在指导教师的监护和允许下进行。

2）要做到安全操作和文明生产。

3）触摸屏通道一定要与 PLC 程序地址对应，否则不能正常运行。

（5）评分

评分细则见评分表。

**"触摸屏与 PLC 混合液体控制系统实训操作"技能自我评分表**

| 项　目 | 技术要求 | 配分/分 | 评分细则 | 评分记录 |
|---|---|---|---|---|
| 工作前的准备 | 清点实训操作所需的设备器件 | 5 | 每漏检或错检一件，扣 1 分 | |
| 绘制 I/O 地址分配表和接线图 | 正确绘制 I/O 地址分配表和接线图 | 5 | 地址遗漏，每处扣 1 分<br>接线图绘制错误，每处扣 1 分 | |
| 安装接线 | 按照 PLC 控制 I/O 接线图正确、规范安装线路 | 10 | 线路布置不整齐、不合理，每处扣 2 分<br>接线不规范，每根扣 0.5 分<br>不按 I/O 接线图接线，每处扣 5 分<br>损坏元件，每个扣 5 分 | |

续表

| 项　目 | 技术要求 | 配分/分 | 评分细则 | 评分记录 |
|---|---|---|---|---|
| PLC 程序设计 | 1. 按照控制要求设计梯形图<br>2. 将程序熟练写入 PLC 中 | 20 | 不能正确达到功能要求，每处扣 5 分 | |
| | | | 地址与 I/O 分配表和接线图不符，每处扣 5 分 | |
| | | | 不会将程序写入 PLC 中，扣 10 分 | |
| | | | 将程序写入 PLC 中不熟练，扣 10 分 | |
| MCGS 组态设计 | 1. 按照任务要求设计控制画面<br>2. 元件属性设置熟练<br>3. 组态设备熟练<br>4. 会编写循环脚本程序 | 30 | 不会设计组态画面，此项不得分 | |
| | | | 达不到控制要求，每处扣 5 分 | |
| | | | 界面不美观，扣 5 分 | |
| | | | 不会组态设备，扣 10 分 | |
| | | | 组态设备不熟练，扣 5 分 | |
| | | | 不会编写循环脚本程序，扣 10 分 | |
| 运行调试 | 正确运行调试 | 10 | 不会联机调试程序，扣 10 分<br>联机调试不熟练，扣 5 分<br>不会监控调试，扣 5 分 | |
| 清洁 | 设备器件、工具摆放整齐，工作台清洁 | 10 | 乱摆放设备器件、工具，乱丢杂物，完成任务后不清理工位，扣 10 分 | |
| 安全生产 | 安全着装，按操作规程安全操作 | 10 | 没有安全着装，扣 5 分<br>操作不规范，扣 5 分<br>出现事故，总分计 0 分 | |
| 定额工时 240min | 超时，此项从总分中扣分 | | 每超过 5min，扣 3 分 | |

# 思　考　题

1. 在本课题中，如果要让油罐车自东（右）向西（左）移动，怎样编写脚本程序？
2. 查询网站，学习脚本程序在"运行策略"中编写的方法。

# 课题 4.4　三级传送带控制

**学习目标**

1. 会工程建立、组态。
2. 会动态画面的组态。
3. 会加载位图。
4. 会编写脚本程序。
5. 会触摸屏与三菱 FX 系列 PLC 的连机运行。

## 4.4.1　工程任务要求

（1）任务

用 TPC7062KD 触摸屏与三菱 FX 系列 PLC 实现如图 4.4.1 所示的三级传送带控制。

（密码: mcgs）

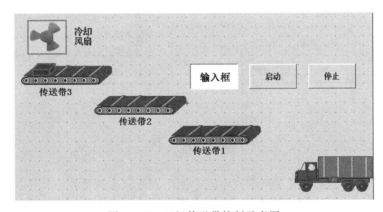

图 4.4.1　三级传送带控制示意图

（2）任务要求

1）在触摸屏上能够实现系统启动、停止的控制。

2）当系统启动后，传送带 1 和冷却风扇启动。

3）传送带 1 启动 5s 后传送带 2 启动，传送带 2 启动 5s 后传送带 3 启动。

4）传送带 3 启动后开始传送工件装车，当一台车装满 3 个后装另一台车。

5）如此循环，直到系统停止。

6）触摸屏能显示车辆装载数量、运行状态。

7）定时时间和计数由触摸屏实现。

8）触摸屏能显示运行状态。

### 4.4.2　PLC 程序设计

（1）绘制元件地址分配表

三级传送带控制元件地址分配见表 4.4.1。

表 4.4.1　三级传送带控制元件地址分配表

| 元件地址 | 功　能 | 元件地址 | 功　能 |
| --- | --- | --- | --- |
| X0 | 按钮启动 | Y1 | 传送带 1 |
| X1 | 按钮停止 | Y2 | 传送带 2 |
| M0 | TPC 启动 | Y3 | 传送带 3 |
| M1 | TPC 停止 | — | — |

（2）绘制 I/O 接线图

三级传送带控制 I/O 接线图如图 4.4.2 所示。

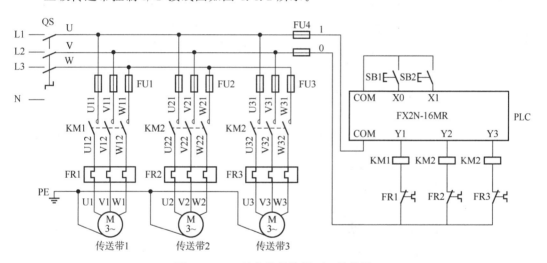

图 4.4.2　三级传送带控制 I/O 接线图

（3）根据控制要求编写 PLC 控制程序

因为本课题要求定时和计数都在触摸屏中实现，所以 PLC 程序只要给触摸屏一个系统启动信号就可以了。如果不需要用按钮启动停止，就不需要 PLC 程序，只要对应好 I/O 接线即可。三级传送带控制参考程序梯形图如图 4.4.3 所示。

### 4.4.3　触摸屏组态控制设计

#### 1. 工程的建立

按照前述建立工程的方法建立工程，并命名，另存为"三级传送带控制"。

（密码: mcgs）

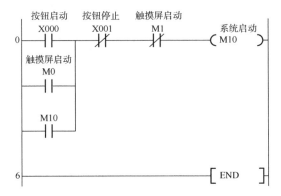

图 4.4.3　三级传送带控制参考程序梯形图

## 2. 实时数据库的建立

按照表 4.4.2 所示的实时数据库建立数据，建好的实时数据库如图 4.4.4 所示。

**表 4.4.2　三级传送带控制实时数据库数据**

| 数据名称 | 数据类型 | 说　明 | 数据名称 | 数据类型 | 说　明 |
|---|---|---|---|---|---|
| 启动 | 开关型 | TPC 控制 | 计数 | 开关型 | — |
| 停止 | 开关型 | TPC 控制 | 时间 | 数值型 | 定时 |
| 运行 | 开关型 | PLC 程序中为 M10 | 旋转 | 数值型 | 显示风扇的运转 |
| 传送带 1 | 开关型 | PLC 中为 Y1 | 车辆 | 数值型 | 显示车辆的移动 |
| 传送带 2 | 开关型 | PLC 中为 Y2 | 水平移动 | 数值型 | 显示工件的移动 |
| 传送带 3 | 开关型 | PLC 中为 Y3 | 垂直移动 | 数值型 | 显示工件的移动 |

| 名字 | 类型 | 注释 | 报警 | 存盘 |
|---|---|---|---|---|
| 时间 | 数值型 | | | |
| 水平移动 | 数值型 | | | |
| 垂直移动 | 数值型 | | | |
| 车辆 | 数值型 | | | |
| 旋转 | 数值型 | | | |
| 计数 | 开关型 | | | |
| 传送带1 | 开关型 | | | |
| 传送带2 | 开关型 | | | |
| 传送带3 | 开关型 | | | |
| 启动 | 开关型 | | | |
| 停止 | 开关型 | | | |
| 运行 | 开关型 | | | |
| InputETime | 字符型 | 系统内建… | | |
| InputSTime | 字符型 | 系统内建… | | |
| InputUser1 | 字符型 | 系统内建… | | |
| InputUser2 | 字符型 | 系统内建… | | |

图 4.4.4　建好的实时数据库

## 3. 设备窗口组态

完成的设备窗口组态如图 4.4.5 所示。

## 4. 用户窗口组态

在用户窗口中建立新画面"窗口 0"，把"窗口 0"修改为"传送带控制"，单击"确认"。

图 4.4.5　完成的设备窗口组态

（1）添加并设置传送带

单击工具箱中的"插入元件"构件，弹出"对象元件管理"对话框。在对话框中找到"图形对象库"中的"传送带"文件夹，选择"传送带 5"，并根据窗口的情况调整至合适的大小，分别放置在合适的位置。

利用工具箱中"常用符号"的平行四边形图标，在用户窗口中绘制出传送带上的带条，分别添加在三条传送带上。

分别双击三条传送带上的带条，在"动画组态属性设置"对话框中勾选"闪烁效果"，在"闪烁效果"中分别把表达式对应设置为"传送带 1""传送带 2""传送带 3"。传送带添加并设置完成的画面如图 4.4.6 所示。

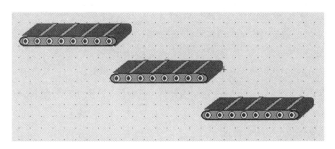

图 4.4.6　传送带添加并设置完成

（2）添加并设置冷却风扇

单击工具箱中的"动画显示"图标 ，在画面中添加一个如图 4.4.7 所示的动画显示图形框。

双击动画显示图形框，在"动画显示构件属性设置"对话框中选中"基本属性"，在"基本属性"中选择分段点"0"，单击"位图"，弹出"对象元件管理"对话框。在"对象元件库管理"对话框中单击"装入"，添加事先准备好的风扇图片"风扇 1"（bmp 格式），如图 4.4.8 所示。

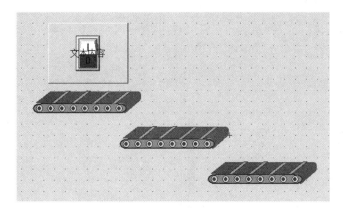

图 4.4.7　添加动画显示图形框

图 4.4.8　装入位图框

位图装入后单击"确认"，然后在"图像大小"中点选"充满按钮，删除文本列表"中的文字内容。

同理，在"基本属性"中选择分段点"1"，单击"位图"，弹出"对象元件库管理"对话框。在"对象元件库管理"中单击"装入"，添加事先准备好的风扇图片"风扇 2"（bmp 格式），位图装入后单击"确认"，然后在"图像大小"中点选"充满按钮，删除文本列表"中的文字内容。

然后，在"显示属性"中，显示变量的类型选择"开关，数值型"，单击"?"，连接实时数据库中的"旋转"。

为了使冷却风扇画面美观，可以画一个正方形框。冷却风扇添加并设置完成的画面如图 4.4.9 所示。

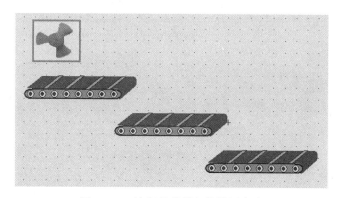

图 4.4.9　冷却风扇添加并设置完成

（3）添加并设置工件

在工具箱的"常用图符"中选择"立方体"图符，并根据窗口的情况调整至合适的大小，放置在传送带3上。

双击工件，在弹出的对话框中勾选"垂直移动""水平移动"。

将"水平移动"的"表达式"设置为"水平移动"，"最大移动偏移量"和"表达式的值"分别设置为"800"。

将"垂直移动"的"表达式"设置为"垂直移动"，"最大移动偏移量"和"表达式的值"分别设置为"500"。

工件添加并设置完成后的画面如图 4.4.10 所示。

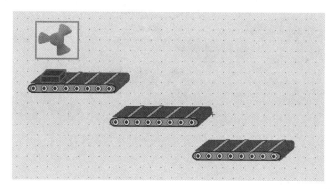

图 4.4.10　工件添加并设置完成

（4）添加并设置运输车

单击工具箱中的"插入元件"构件，弹出"对象元件库管理"对话框。在对话框中找到"图形对象库"中的"车"文件夹，选择"集装箱车1"，并根据窗口的情况调整至合适的大小，放置在画面的右下角位置。

双击运输车，在弹出的对话框中选中"动画连接""水平移动"，单击"＞"，在基本属性中勾选"水平移动"和"可见度"。

将"水平移动"的"表达式"设置为"汽车"，"最大移动偏移量"和"表达式的值"分别设置为"800"。

将"可见度"的表达式设置为"传送带 3"。运输车添加并设置完成的画面如图 4.4.11 所示。

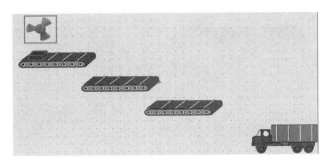

图 4.4.11　运输车添加并设置完成

（5）计数输入框、按钮添加与设置

按照前面学习的内容添加输入框，双击输入框，在输入框的对话框中，在"操作属性"处，把"对应数据对象的名称"设置为"计数"，勾选"使用单位"，填入"个"。

按照前面学习的内容添加并设置"启动""停止"按钮。

（6）添加标签

标签添加完成后的用户窗口如图 4.4.12 所示。

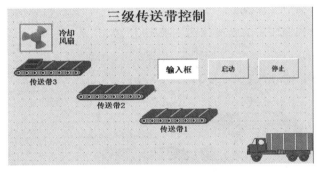

图 4.4.12　标签添加完成后的用户窗口

### 4.4.4　循环脚本程序编写

（密码：mcgs）

在用户窗口中，双击空白处，弹出"用户窗口属性设置"对话框。单击"循环脚本"，进入"循环脚本"后，先将"循环时间"设定为"200ms"。单击"打开脚本编辑器"，在编辑器中编写如下参考脚本程序：

脚本程序　　　　　　　　　　　　　　　　　　　　　　　　注释

```
if 运行＝1 then
旋转＝1－ 旋转
传送带 1＝1
end if
```

```
if 运行＝0 then
！TimerStop(1)
！TimerReset(1,0)
传送带 1＝0
传送带 2＝0
传送带 3＝0
车辆＝0
旋转＝0
计数＝0
垂直移动＝0
水平移动＝0
end if
if 运行＝1 then
！TimerRun(1)
时间＝！TimerValue(1,0)
end if
if 运行＝1 and 时间＞＝5 then
传送带 2＝1
endif
if 运行＝1 and 时间＞＝10 then
传送带 3＝1
end if
if 传送带 3＝1 and 水平移动＜165 then
水平移动＝水平移动＋3
end if

if 带 3＝1 and 水平移动＝165 and 垂直移动＜62 then

垂直移动＝垂直移动＋2
end if
if 带 3＝1 and 水平移动＜330 and 垂直移动＝62 then
水平移动＝水平移动＋3
end if
if 带 3＝1 and 水平移动＝330 and 垂直移动＜124 then
垂直移动＝垂直移动＋2
end if
if 带 3＝1 and 水平移动＜495 and 垂直移动＝124 then
水平移动＝水平移动＋3
```

1 号定时器停止
设置 1 号定时器的值为 0

1 号定时器运行
取 1 号定时器的当前值给时间

定时 5s

定时 10s

工件从传送带 3 移动到传送带 2
的距离

工件从传送带 3 落到传送带 2 的
距离

```
end if
if 带 3＝1 and 水平移动＝495 and 垂直移动＜200 then
垂直移动＝垂直移动＋2
end if
if 带 3＝1 and 水平移动＞＝330 and 车辆＞－180 then
车辆＝车辆－6
end if
if 传送带 3＝1 and 水平移动＝495 and 垂直移动＝200 then
水平移动＝0
垂直移动＝0
计数＝计数＋1
end if
if 传送带 3＝1 and 计数＝3 then
车辆＝车辆－20
end if
if 传送带 3＝1 and 车辆＝－620 then
车辆＝0
计数＝0
endif
```

**注意：** 本脚本程序中的水平距离和垂直距离数据是画面制作时的实测距离。读者在学习中要根据自己制作的画面的实际距离确定数据。

距离测量的方法：在两个物体之间画一条直线，该直线的长度就是两物体之间的距离。

### 4.4.5 连机运行

1）打开三菱 PLC 编程软件，将图 4.4.3 所示的参考程序下载到三菱 FX 系列 PLC 中。

（密码: mcgs）

2）将组态好的工程下载到 TPC7062KD 触摸屏中。

3）用 TPC-FX 通信电缆将 TPC7062KD 触摸屏与三菱 PLC 连接。

4）按照图 4.4.2 所示的三级传送带控制 I/O 接线图将系统连接好。

5）通电运行，观察是否达到任务控制要求。

### 4.4.6 实训操作

（1）实训目的

1）熟悉工程建立、组态的过程和方法。

2）会工程建立、组态。

3）会编写循环脚本程序。

4）会触摸屏与三菱 FX 系列 PLC 的连机运行。

（2）实训设备

计算机（安装有 PLC 编程软件、MCGS 嵌入版组态软件）、FX2N‐16MR 型三菱 PLC、TPC7062KD 触摸屏、TPC‐FX 和 USB‐TPC（D）通信电缆、开关板（600mm×600mm）、熔断器、交流接触器、热继电器、组合开关、行程开关、导线等。

（3）任务要求

根据图 4.4.13 所示，在规定时间内正确完成触摸屏与三菱 FX 系列 PLC 控制四级传送带。要求：

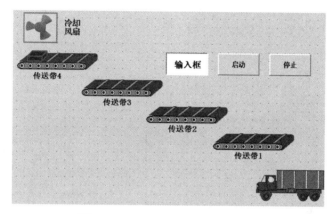

图 4.4.13　四级传送带系统示意图

1）在触摸屏上能够实现系统启动、停止的控制。

2）当系统启动后传送带 1 和冷却风扇启动。

3）传送带 1 启动 5s 后传送带 2 启动，传送带 2 启动 5s 后传送带 3 启动，传送带 3 启动 5s 后传送带 4 启动。

4）传送带 4 启动后开始传送工件装车，当一台车辆装满 5 个后装另一台车。

5）如此循环，直到系统停止。

6）触摸屏能显示车辆装载数量、运行状态。

7）定时时间和计数由触摸屏实现。

8）触摸屏能显示运行状态。

9）在运行策略中编写脚本程序。

（4）注意事项

1）通电前必须在指导教师的监护和允许下进行。

2）要做到安全操作和文明生产。

3）触摸屏通道一定要与 PLC 程序地址对应，否则不能正常运行。

（5）评分

评分细则见评分表。

## "四级传送带控制实训操作"技能自我评分表

| 项　目 | 技术要求 | 配分/分 | 评分细则 | 评分记录 |
|---|---|---|---|---|
| 工作前的准备 | 清点实训操作所需的设备器件 | 5 | 每漏检或错检一件，扣1分 | |
| 绘制I/O地址分配表和接线图 | 正确绘制I/O地址分配表和接线图 | 5 | 地址遗漏，每处扣1分<br>接线图绘制错误，每处扣1分 | |
| 安装接线 | 按照PLC控制I/O接线图正确、规范安装线路 | 10 | 线路布置不整齐、不合理，每处扣2分<br>接线不规范，每根扣0.5分<br>不按I/O接线图接线，每处扣5分<br>损坏元件，每个扣5分 | |
| PLC程序设计 | 1. 按照控制要求设计梯形图<br>2. 将程序熟练写入PLC中 | 20 | 不能正确达到功能要求，每处扣5分<br>地址与I/O分配表和接线图不符，每处扣5分<br>不会将程序写入PLC中，扣10分<br>将程序写入PLC中不熟练，扣10分 | |
| MCGS组态设计 | 1. 按照任务要求设计控制画面<br>2. 元件属性设置熟练<br>3. 组态设备熟练<br>4. 会编写循环脚本程序 | 30 | 不会设计组态画面，此项不得分<br>达不到控制要求，每处扣5分<br>界面不美观，扣5分<br>不会组态设备，扣10分<br>组态设备不熟练，扣5分<br>不会编写循环脚本程序，扣10分 | |
| 运行调试 | 正确运行调试 | 10 | 不会联机调试程序，扣10分<br>联机调试不熟练，扣5分<br>不会监控调试，扣5分 | |
| 清洁 | 设备器件、工具摆放整齐，工作台清洁 | 10 | 乱摆放设备器件、工具，乱丢杂物，完成任务后不清理工位，扣10分 | |
| 安全生产 | 安全着装，按操作规程安全操作 | 10 | 没有安全着装，扣5分<br>操作不规范，扣5分<br>出现事故，总分计0分 | |
| 定额工时360min | 超时，此项从总分中扣分 | | 每超过5min，扣3分 | |

# 思　考　题

1. 在运行策略中编写本课题的脚本函数。
2. 查询网站，学习定时器函数。

# 课题 4.5　生产线机械手控制

学习目标

1. 会工程建立、组态。
2. 会动态画面的组态。
3. 会加载位图。
4. 会编写脚本程序。
5. 会触摸屏与三菱 FX 系列 PLC 的连机运行。

## 4.5.1　工程任务要求

（1）任务

用 TPC7062KD 触摸屏与三菱 FX 系列 PLC 实现如图 4.5.1 所示的生产线机械手控制（所有运动均采用气压传动）。

（密码: mcgs）

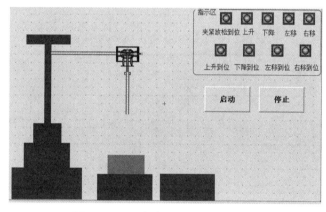

图 4.5.1　生产线机械手控制示意图

（2）任务要求

1）系统启动 1s 后，机械手下降抓取工件，当工件夹紧后机械手上升。

2）上升到位后，机械手右移；右移到位后，机械手下降。

3）机械手下降，松开工件。

4）工件松开后，机械手上升；上升到位后，机械手左移。

5）如此循环，直到系统停止。

6）在触摸屏上能够实现启动、停止的控制。

7）触摸屏能显示运行状态。

### 4.5.2　PLC 程序设计

（1）绘制元件地址分配表

生产线机械手控制元件地址分配见表 4.5.1。

表 4.5.1　生产线机械手控制元件地址分配表

| 元件地址 | 功　能 | 元件地址 | 功　能 |
|---|---|---|---|
| X0 | 按钮启动 | M0 | TPC 启动 |
| X1 | 按钮停止 | M1 | TPC 停止 |
| X2（SQ1） | 下降到位 | Y0（YV1） | 下降电磁阀 |
| X3（SQ2） | 上升到位 | Y1（YV2） | 上升电磁阀 |
| X4（SQ3） | 左移到位 | Y2（YV3） | 左移电磁阀 |
| X5（SQ4） | 右移到位 | Y3（YV4） | 右移电磁阀 |
| X6（SQ5） | 夹紧到位 | Y4（YV5） | 夹紧/放松 |
| X7（SQ6） | 松开到位 | — | — |

（2）绘制 I/O 接线图

生产线机械手控制 I/O 接线图如图 4.5.2 所示。

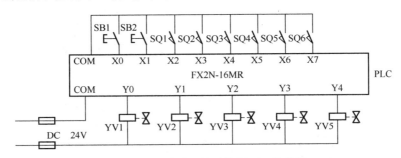

图 4.5.2　生产线机械手控制 I/O 接线图

（3）根据控制要求编写 PLC 控制程序

生产线机械手控制参考程序梯形图如图 4.5.3 所示。

### 4.5.3　触摸屏组态控制设计

**1. 工程的建立**

按照前述建立工程的方法建立工程，并命名，另存为"生产线机械手控制"。

**2. 实时数据库的建立**

按照表 4.5.2 所示的实时数据库建立数据，建好的实时数据库如图 4.5.4 所示。

（密码: mcgs）

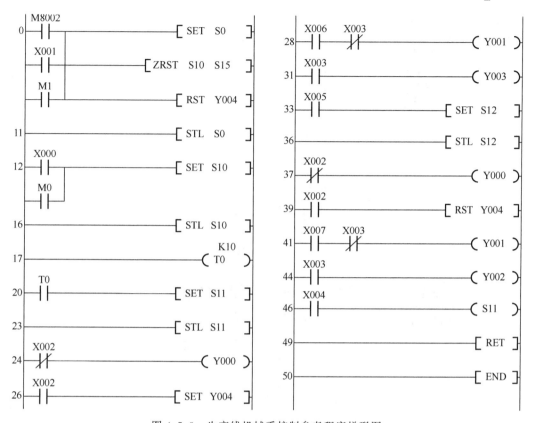

图 4.5.3　生产线机械手控制参考程序梯形图

**表 4.5.2　生产线机械手控制实时数据库数据**

| 数据名称 | 数据类型 | 说　明 | 数据名称 | 数据类型 | 说　明 |
|---|---|---|---|---|---|
| 启动 | 开关型 | TPC 控制 | 右移到位 | 开关型 | — |
| 停止 | 开关型 | TPC 控制 | 夹紧放松 | 开关型 | — |
| 上升 | 开关型 | — | 夹紧到位 | 开关型 | — |
| 上升到位 | 开关型 | — | 放松到位 | 开关型 | — |
| 下降 | 开关型 | — | 机械手垂直移动 | 数值型 | — |
| 下降到位 | 开关型 | — | 机械手水平移动 | 数值型 | — |
| 左移 | 开关型 | — | 工件垂直移动 | 数值型 | — |
| 左移到位 | 开关型 | — | 工件水平移动 | 数值型 | — |
| 右移 | 开关型 | — | — | — | — |

## 3. 设备窗口组态

完成的设备窗口组态如图 4.5.5 所示。

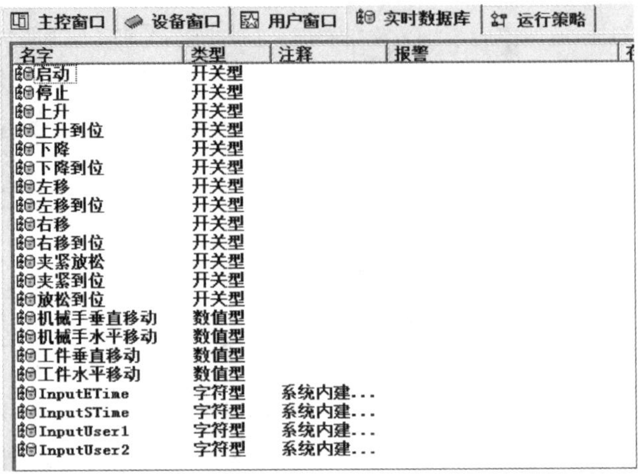

图 4.5.4    建好的实时数据库

图 4.5.5    完成的设备窗口组态

4. 用户窗口组态

在用户窗口中建立新画面"窗口 0"，把"窗口 0"修改为"控制界面"，单击"确认"。

（1）添加设置基座、立柱、工作台

单击工具箱中的"矩形"构件，在用户窗口中绘制基座、立柱、工作台。

（2）添加设置机械手

单击工具箱中的"插入元件"构件，弹出"对象元件管理"对话框；在对话框中找到"图形对象库"中的"其他"文件夹，选择"机械手"，并根据窗口的情况调整至合适的大小，放置在画面合适的位置。

双击机械手，在弹出的对话框中选中"动画连接"，勾选"水平移动"，将"水平移动"的"表达式"设置为"机械手水平移动"，"最大移动偏移量"和"表达式的值"分别设置为"150"。

（3）添加设置工件

在工具箱"常用图符"中选择"矩形"图符，并根据窗口的情况调整至合适的大小，放置在左工作台上。

双击工件，在弹出的对话框中勾选"垂直移动"和"水平移动"。

将"水平移动"的"表达式"设置为"工件水平移动"，"最大移动偏移量"和"表达式的值"分别设置为"150"。

将"垂直移动"的"表达式"设置为"工件垂直移动"，"最大移动偏移量"和"表达式的值"分别设置为"100"。

（4）添加设置机械手臂

1）添加设置机械垂直手臂。单击工具箱中的"插入元件"构件，弹出"对象元件管理"对话框；在对话框中找到"图形对象库"中的"管道"文件夹，选择"管道95"，添加两根大小和长度一致的管道，作为机械手垂直手臂。

双击其中一根垂直手臂，在弹出的对话框中选中"动画连接"，勾选"水平移动"，将"水平移动"的"表达式"设置为"机械手水平移动"，"最大移动偏移量"和"表达式的值"分别设置为"150"。

双击另一根垂直手臂，在弹出的对话框中选中"动画连接"，勾选"水平移动"和"垂直移动"。将"水平移动"的"表达式"设置为"机械手水平移动"，"最大移动偏移量"和"表达式的值"设置为"150"。将"垂直移动"的"表达式"设置为"机械手垂直移动"，"最大移动偏移量"和"表达式的值"分别设置为"100"。

将两根垂直手臂重合，放置在机械手下端。

2）添加设置机械水平手臂。单击工具箱中的"插入元件"构件，弹出"对象元件管理"对话框；在对话框中找到"图形对象库"中的"管道"文件夹，选择"管道96"，添加两根大小和长度一致的管道，作为机械手水平手臂。

双击其中一根水平手臂，在弹出的对话框中选中"动画连接"，勾选"水平移动"，将"水平移动"的"表达式"设置为"机械手水平移动"，"最大移动偏移量"和"表达式的值"设置为"150"。

用相同的方法设置另一根水平手臂。

将两根水平手臂重合，放置在机械手左端。

（5）添加设置按钮、指示灯

按照前面学习的内容添加设置"指示灯""启动""停止"按钮。

（6）添加标签

标签添加完成后的用户窗口如图 4.5.6 所示。

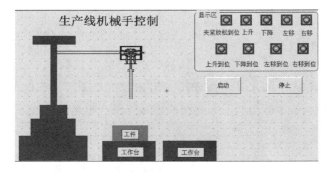

图 4.5.6　标签添加完成后的用户窗口

### 4.5.4　循环脚本程序编写

在用户窗口中，双击空白处，弹出"用户窗口属性设置"对话框。单击"循环脚本"，进入"循环脚本"后，先将"循环时间"设定为"200ms"。单击"打开脚本编辑器"，在编辑器中编写如下参考脚本程序：

if 下降＝1 and 机械手垂直移动＜100 and 机械手水平移动＜100 then

机械手垂直移动＝机械手垂直移动＋2

end if

if 下降到位＝1 and 夹紧到位＝1 and 上升＝1 and 工件垂直移动＞－100 then

工件垂直移动＝工件垂直移动－2

end if

if 下降到位＝1 and 上升＝1 and 机械手垂直移动＞0 then

机械手垂直移动＝机械手垂直移动－2

end if

if 上升到位＝1 and 夹紧到位＝1 and 右移＝1 and 机械手水平移动＜150 then

机械手水平移动＝机械手水平移动＋2

end if

if 上升到位＝1 and 夹紧到位＝1 and 右移＝1 and 工件水平移动＜150 then

工件水平移动＝工件水平移动＋2

end if

if 右移到位＝1 and 下降＝1 and 机械手垂直移动＜100 then

机械手垂直移动＝机械手垂直移动＋2.3

end if

if 右移到位＝1 and 下降＝1 and 工件垂直移动＜0 then

工件垂直移动＝工件垂直移动＋2.3

end if

if 上升到位＝1 and 放松到位＝1 and 左移＝1 and 机械手水平移动＞0 then

机械手水平移动＝机械手水平移动－2

end if

if 上升到位＝1 and 放松到位＝1 and 左移＝1 then

工件水平移动＝0

工件垂直移动＝0

end if

**注意**：本脚本程序中的水平距离和垂直距离数据是画面制作时的实测距离，读者在学习中要根据自己制作的画面的实际距离确定数据。距离测量的方法同前。

### 4.5.5　连机运行

1）打开三菱 PLC 编程软件，将图 4.5.3 所示的参考程序下载到三菱 FX 系列 PLC 中。

2）将组态好的工程下载到 TPC7062KD 触摸屏中。

3）用 TPC-FX 通信电缆将 TPC7062KD 触摸屏与三菱 PLC 连接。

4）按照图 4.5.2 所示的生产线机械手控制 I/O 接线图将系统连接好。

5）通电运行，观察是否达到任务控制要求。

（密码: mcgs）

### 4.5.6　实训操作

（1）实训目的

1）熟悉工程建立、组态的过程和方法。

2）会工程建立、组态。

3）会编写循环脚本程序。

4）会触摸屏与三菱 FX 系列 PLC 的连机运行。

（2）实训设备

计算机（安装有 PLC 编程软件、MCGS 嵌入版组态软件）、FX2N-16MR 型三菱 PLC、TPC7062KD 触摸屏、TPC-FX 和 USB-TPC（D）通信电缆、开关板（600mm× 600mm）、熔断器、交流接触器、热继电器、组合开关、行程开关、导线等。

（3）任务要求

根据图 4.5.1 所示，在规定时间内正确完成触摸屏与三菱 FX 系列 PLC 生产线机械手控制。要求：

1）机械垂直手臂、水平手臂以大小变化的方式移动。

2）系统启动 1s 后，机械手下降抓取工件，当工件夹紧后机械手上升。

3）上升到位后，机械手右移；右移到位后，机械手下降。

4）机械手下降，松开工件。

5）工件松开后，机械手上升；上升到位后，机械手左移。

6）如此循环，直到系统停止。

7）在触摸屏上能够实现启动、停止的控制。

8）触摸屏能显示运行状态。

（4）注意事项

1）通电前必须在指导教师的监护和允许下进行。

2）要做到安全操作和文明生产。

3）触摸屏通道一定要与 PLC 程序地址对应，否则不能正常运行。

（5）评分

评分细则见评分表。

**"生产线机械手控制实训操作"技能自我评分表**

| 项　目 | 技术要求 | 配分/分 | 评分细则 | 评分记录 |
| --- | --- | --- | --- | --- |
| 工作前的准备 | 清点实训操作所需的设备器件 | 5 | 每漏检或错检一件，扣 1 分 | |
| 绘制 I/O 地址分配表和接线图 | 正确绘制 I/O 地址分配表和接线图 | 5 | 地址遗漏，每处扣 1 分<br>接线图绘制错误，每处扣 1 分 | |

续表

| 项　目 | 技术要求 | 配分/分 | 评分细则 | 评分记录 |
|---|---|---|---|---|
| 安装接线 | 按照 PLC 控制 I/O 接线图正确、规范安装线路 | 10 | 线路布置不整齐、不合理，每处扣 2 分<br>接线不规范，每根扣 0.5 分<br>不按 I/O 接线图接线，每处扣 5 分<br>损坏元件，每个扣 5 分 | |
| PLC 程序设计 | 1. 按照控制要求设计梯形图<br>2. 将程序熟练写入 PLC 中 | 20 | 不能正确达到功能要求，每处扣 5 分 | |
| | | | 地址与 I/O 分配表和接线图不符，每处扣 5 分 | |
| | | | 不会将程序写入 PLC 中，扣 10 分 | |
| | | | 将程序写入 PLC 中不熟练，扣 10 分 | |
| MCGS 组态设计 | 1. 按照任务要求设计控制画面<br>2. 元件属性设置熟练<br>3. 组态设备熟练<br>4. 会编写循环脚本程序 | 30 | 不会设计组态画面，此项不得分 | |
| | | | 达不到控制要求，每处扣 5 分 | |
| | | | 界面不美观，扣 5 分 | |
| | | | 不会组态设备，扣 10 分 | |
| | | | 组态设备不熟练，扣 5 分 | |
| | | | 不会编写循环脚本程序，扣 10 分 | |
| 运行调试 | 正确运行调试 | 10 | 不会联机调试程序，扣 10 分<br>联机调试不熟练，扣 5 分<br>不会监控调试，扣 5 分 | |
| 清洁 | 设备器件、工具摆放整齐，工作台清洁 | 10 | 乱摆放设备器件、工具，乱丢杂物，完成任务后不清理工位，扣 10 分 | |
| 安全生产 | 安全着装，按操作规程安全操作 | 10 | 没有安全着装，扣 5 分<br>操作不规范，扣 5 分<br>出现事故，总分计 0 分 | |
| 定额工时 360min | 超时，此项从总分中扣分 | | 每超过 5min，扣 3 分 | |

# 思　考　题

1. 在运行策略中编写本课题的脚本函数。

2. 为什么说实时数据库是 MCGS 系统的核心？

3. 简述 MCGS 实现图形动画设计（动画连接）的主要方法。

# 单元 5 MCGS嵌入版组态软件的数据报表与曲线、报警与安全管理的应用

本单元将介绍 MCGS 嵌入版组态软件的数据报表、曲线、安全管理、报警的应用。

## 课题 5.1　数据报表与曲线

 **学习目标**

1. 会工程建立、组态。
2. 会动态画面的组态。
3. 会制作实时数据报表和历史数据报表。
4. 会制作实时曲线和历史曲线。
5. 会编写脚本程序。
6. 会触摸屏与三菱 FX 系列 PLC 的连机运行。

### 5.1.1　数据报表

在实际工程中多数控制系统都需要对设备等采集来的数据进行存盘和统计分析，并根据实际情况打印出数据报表。

数据报表在实际控制系统中起到很重要的作用，它是数据显示、查询、分析、统计、打印的最终体现，是整个控制系统的最终结果输出，是对生产过程中系统监控对象的状态的综合记录和规律总结。数据报表分为两种类型，即实时数据报表和历史数据报表。

1. 实时数据报表

实时数据报表是对瞬时量的反映，通常用于将当前时间的数据变量按一定报告格式显示和打印出来。

实时数据报表可以通过 MCGS 嵌入版系统的自由表格构件来组态显示。实时数据

报表的建立和设置步骤如下。

（1）建立窗口

根据工程要求，在用户窗口中，除用前面学习的方法建立"封面""目录""控制"等窗口外，建立一个"数据显示"窗口，如图 5.1.1 所示。

图 5.1.1　建立"数据显示"窗口

（2）添加表格

双击"数据显示"窗口，进入"数据显示"窗口。在"数据显示"窗口中，首先添加一个"实时报表"的标签，然后在"工具箱"中单击"自由表格"图标▦，拖放到窗口中适当的位置，放在"实时报表"标签的下面，如图 5.1.2（a）所示。

（3）修改表格

以 5 行 2 列的表格修改为例。

1）表格行、列修改。双击表格，进入表格编辑状态；单击鼠标右键，从弹出的下拉菜单中选取"删除一列"选项；连续操作两次，删除两列。再选取"增加一行"选项，在表格中增加一行。

2）表格大小修改。双击表格，进入表格编辑状态；改变单元格大小的方法与 Microsoft Office 中的 Excel 表格的编辑方法相同，即把鼠标移到 A 与 B 或 1 与 2 之间，当鼠标变化时，拖动鼠标调整至所需的大小即可，如图 5.1.2（b）所示。

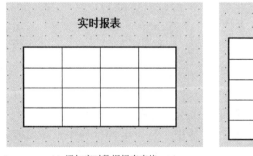

(a) 添加实时数据报表表格　　　　　(b) 修改实时数据表格

图 5.1.2　添加和修改实时数据报表表格

（4）设置表格

1）添加名称。双击表格，进入表格编辑状态，在 A 列的五个单元格中输入需要显示的数据名称，如"液位 1""液位 2""液位 3""加热器""电动机"等，如图 5.1.3 所示。

2）数据连接。双击表格，进入表格编辑状态，在 B 列中选中"液位 1"对应的单元格，单击鼠标右键（或 F9），从下拉的菜单中选取"连接"项，如图 5.1.4 所示。

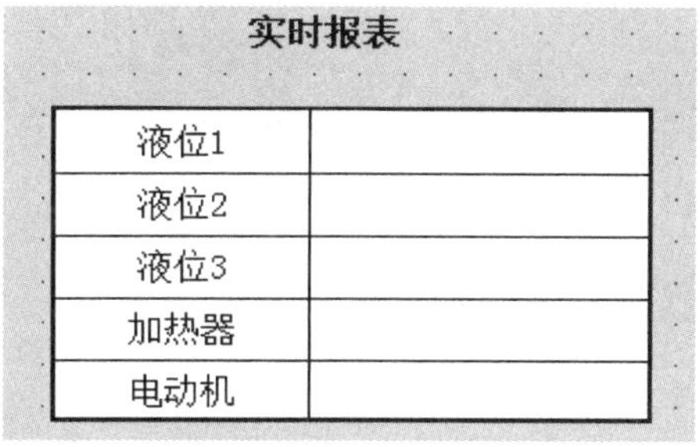

图 5.1.3　添加实时数据名称 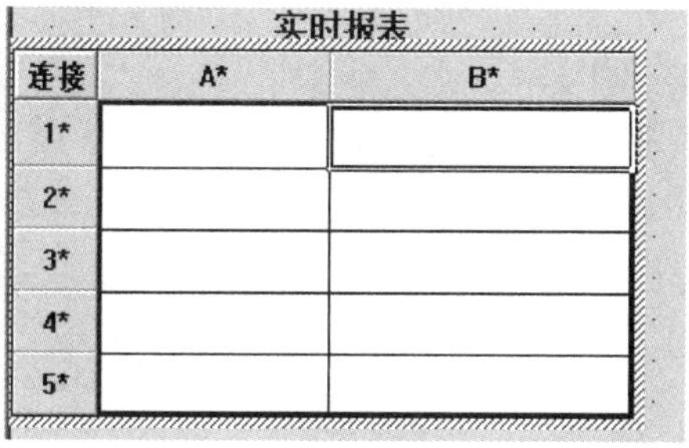　　　　图 5.1.4　实时数据表格数据连接

再次单击鼠标右键，弹出如图 5.1.5 所示的"变量选择"列表，在表中双击所要显示的数值。

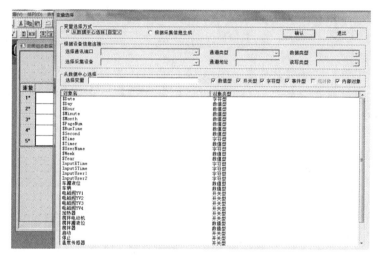

图 5.1.5　实时数据变量连接

按照上述操作，在 B 列的其他行分别将"液位 2""液位 3""加热器""电动机"与"变量选择"表中所要显示的数值连接，如图 5.1.6 所示，然后单击空白处完成数据连接。

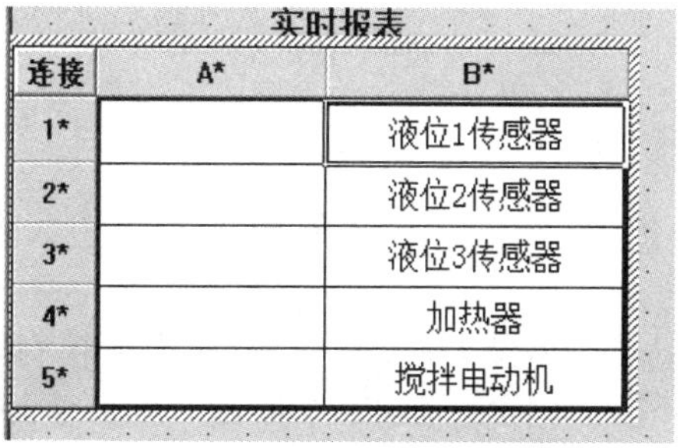

图 5.1.6　实时数据连接完成

（5）报表管理

为方便浏览报表，要实现对报表的管理。报表管理有两种方式：一种是通过主控窗口中建立的菜单管理，另一种是在用户窗口中建立管理。下面分别介绍两种管理方式的使用。

1）菜单管理。在 MCGS 组态平台上单击主控窗口选项卡，在主控窗口中单击"菜单组态"，弹出如图 5.1.7 所示的菜单组态窗口。

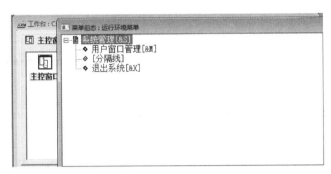

图 5.1.7  菜单组态窗口

在工具条中单击"新增菜单项"图标，会出现"操作 0"菜单。双击"操作 0"菜单，弹出"菜单属性设置"窗口；在"菜单属性设置"中选中"菜单操作"，勾选"打开用户窗口"，选中"数据显示"，单击"确认"保存，如图 5.1.8 所示。

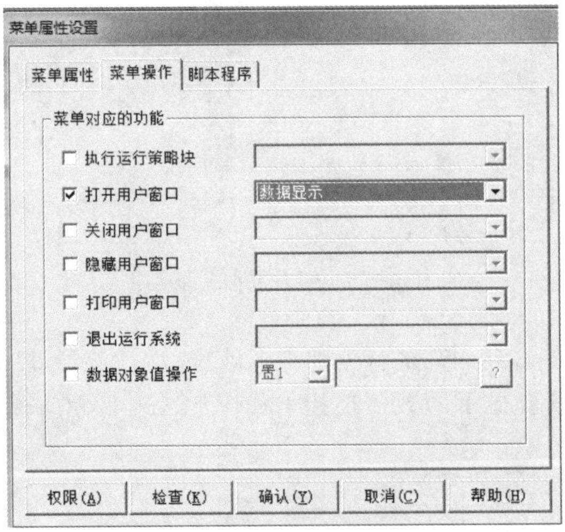

图 5.1.8  菜单属性设置

当进入运行时，单击菜单项中的"数据显示"，就会打开数据显示窗口，进行实时报表数据显示。

2）在用户窗口管理。这种方法是在用户窗口的对应控制窗口中增加一个名为"数据显示"的按钮，设置方法与单元 3 课题 3.5 中翻页的方法相同。

## 2. 历史数据报表

历史数据报表通常应用在从历史数据库中提取数据记录，以一定的格式显示历史数据。实现历史数据报表有两种方式：一种是利用"存盘数据浏览"构件，另一种是利用历史表格构件。下面分别介绍历史数据报表的建立和使用。

（1）以"存盘数据浏览"构件实现的历史数据报表

打开 MCGS 组态工作平台，单击用户窗口，进入"数据显示"窗口，在"工具箱"中单击"存盘数据浏览"图标 ，拖放到窗口中适当的位置，放在"存盘数据浏览报表"标签的下面，如图 5.1.9 所示。

图 5.1.9　添加"存盘数据浏览报表"历史数据报表

在实时数据库中建立一个数据组，双击该数据组，进入如图 5.1.10 所示的"数据对象属性设置"窗口。在窗口的"基本属性"中，将"对象名称"修改为"历史数据组"（可根据工程或显示的历史数据情况命名）；在"存盘属性"中点选"定时存盘，存盘周期"，并将"100 秒"修改为"5 秒"；在"组对象成员"中添加需要显示的数据，然后单击"确认"。

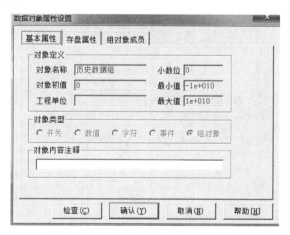

图 5.1.10　建立数据组

双击表格，进入"存盘数据浏览构件属性设置"窗口。在"数据来源"中点选"组对象对应的存盘数据"，选择"历史数据组"，如图 5.1.11 所示。

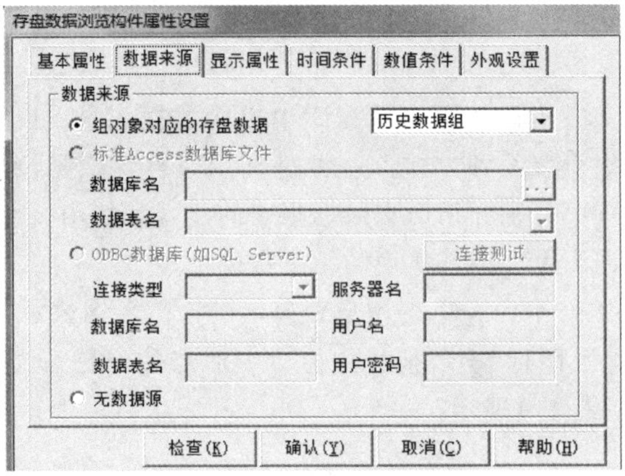

图 5.1.11　数据来源设置

在"显示属性"中按照图 5.1.12 所示设置。

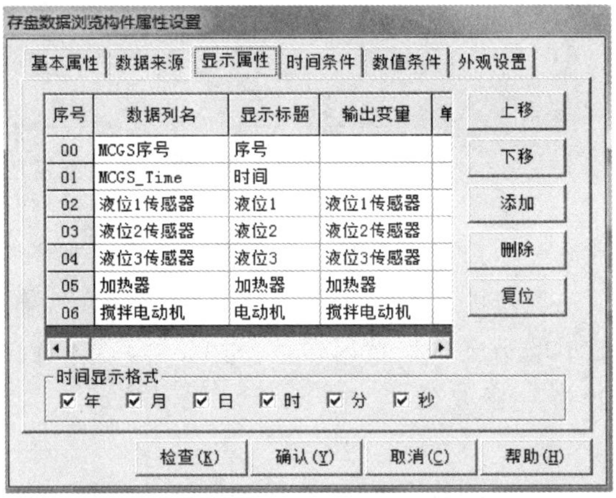

图 5.1.12　显示属性设置

在"时间条件"中按照图 5.1.13 所示设置。

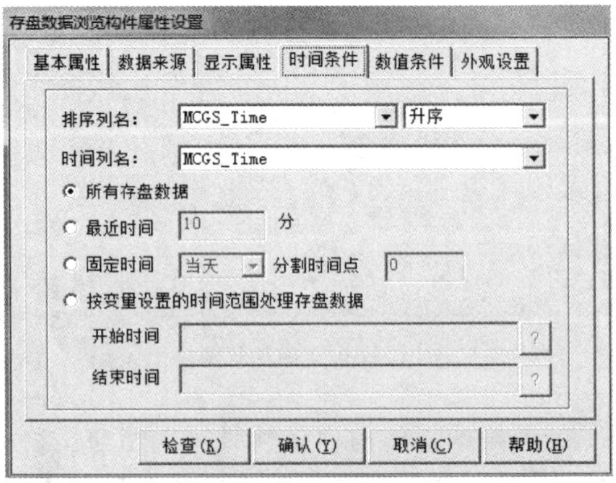

图 5.1.13　时间条件设置

外观设置根据工程实际情况或喜好而定，其他属性设置不变。"存盘数据浏览报表"历史数据报表设置完成后如图 5.1.14 所示。

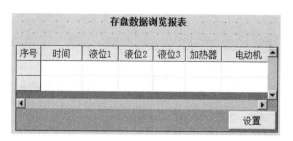

图 5.1.14　"存盘数据浏览报表"历史数据报表设置完成

当进入运行时，单击菜单项中的"数据显示"，就会打开数据显示窗口，进行历史报表数据显示，如图 5.1.15 所示。

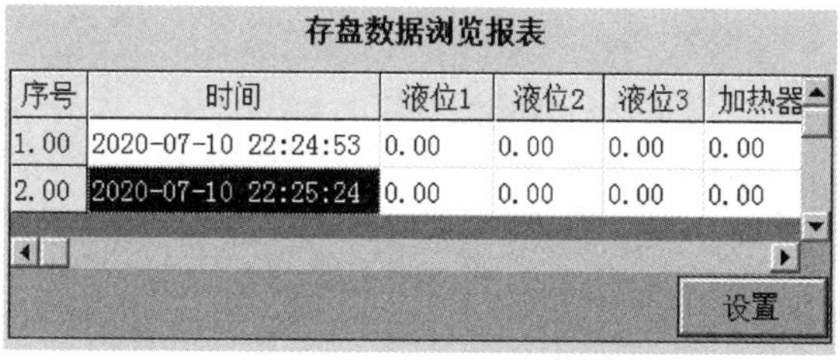

**存盘数据浏览报表**

| 序号 | 时间 | 液位1 | 液位2 | 液位3 | 加热器 |
|---|---|---|---|---|---|
| 1.00 | 2020-07-10 22:24:53 | 0.00 | 0.00 | 0.00 | 0.00 |
| 2.00 | 2020-07-10 22:25:24 | 0.00 | 0.00 | 0.00 | 0.00 |

设置

图 5.1.15　运行环境下的"存盘数据浏览报表"

（2）以历史表格构件实现的历史报表

1）添加表格。首先添加一个"历史报表"的标签，然后在"工具箱"中单击"自由表格"图标 ▦，拖放到窗口中适当的位置，放在"历史报表"标签的下面，如图 5.1.16 所示。

2）修改表格。表格修改方法与实时报表相同。

3）设置表格。

① 添加名称。双击表格，进入表格编辑状态，在 R1 行的六个单元格中输入需要显示的数据名称，如"时间""液位 1""液位 2""液位 3""加热器""电动机"等，如图 5.1.17 所示。

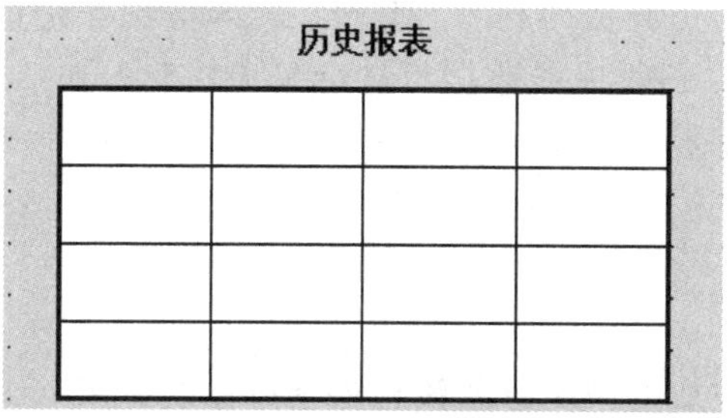

**历史报表**

| | | |
|---|---|---|
| | | |
| | | |
| | | |

图 5.1.16　添加历史数据报表表格

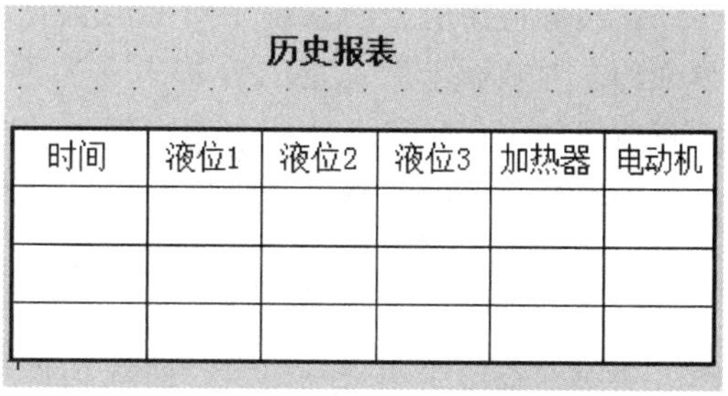

**历史报表**

| 时间 | 液位1 | 液位2 | 液位3 | 加热器 | 电动机 |
|---|---|---|---|---|---|
| | | | | | |
| | | | | | |
| | | | | | |

图 5.1.17　添加历史数据名称

② 数据连接。双击表格，进入表格编辑状态，单击鼠标右键（或 F9），从下拉的菜单中选取"连接"项，表格中会出现反斜杠，如图 5.1.18 所示。

**历史报表**

| 连接 | C1* | C2* | C3* | C4* | C5* | C6* |
|------|-----|-----|-----|-----|-----|-----|
| R1* |  |  |  |  |  |  |
| R2* |  |  |  |  |  |  |
| R3* |  |  |  |  |  |  |
| R4* |  |  |  |  |  |  |

图 5.1.18 历史数据表格数据连接

双击表格中反斜杠处，弹出一个如图 5.1.19 所示的"数据库连接设置"窗口，其设置与利用"存盘数据浏览"实现的历史报表方法相同。

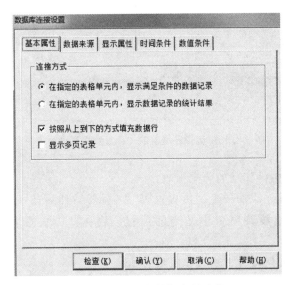

图 5.1.19 历史数据变量连接

## 5.1.2 曲线

在实际应用的控制系统中对实时数据、历史数据的查看、分析、处理等工作是很繁琐的。对数据仅做定量的分析还远远不够，必须根据数据信息绘制出相应的曲线，分析曲线的变化趋势，并从中发现数据的变化规律。曲线处理在实际应用的控制系统中起到非常重要的作用。曲线分为实时曲线和历史曲线两种类型。

### 1. 实时曲线

实时曲线的绘制是应用实时曲线构件来完成的，实时曲线构件是用曲线显示一个或多个数据对象数值的动画图形，实时记录数据对象值的变化情况。在 MCGS 嵌入版组态软件中制作实时曲线的具体操作如下：

在"工具箱"中单击"实时曲线"图标 ，拖放到实时曲线标签的下面，并调整大小，如图 5.1.20 所示。

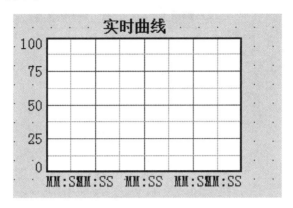

图 5.1.20　添加"实时曲线"构件

双击实时曲线构件，弹出"实时曲线构件属性设置"窗口，如图 5.1.21 所示。

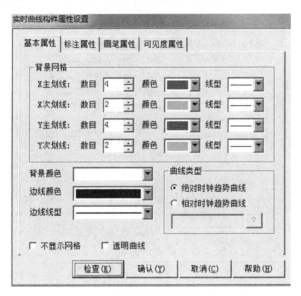

图 5.1.21　"实时曲线构件属性设置"窗口

在"实时曲线构件属性设置"窗口的"标注属性"中，将"时间单位"设置为"秒钟"，"最大值"设置为"10"，其他不变，如图 5.1.22 所示。

在"实时曲线构件属性设置"窗口的"画笔属性"中，按图 5.1.23 所示设置"曲线""颜色""线型"。

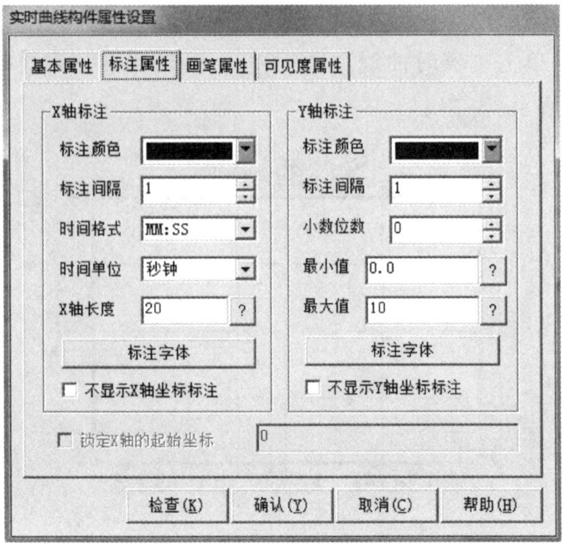

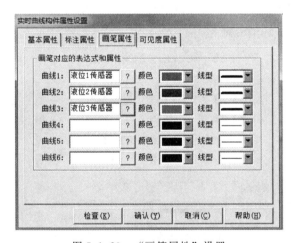

图 5.1.22 "标注属性"设置

图 5.1.23 "画笔属性"设置

## 2. 历史曲线

历史曲线构件实现了历史数据的曲线浏览功能。运行时历史曲线构件能够根据需要画出相应历史数据的趋势效果图。历史曲线主要用于事后查看数据和状态变化趋势及总结规律。在 MCGS 嵌入版组态软件中制作历史曲线的具体操作如下：

在"工具箱"中单击"历史曲线"图标，拖放到历史曲线标签的下面，并调整大小，如图 5.1.24 所示。

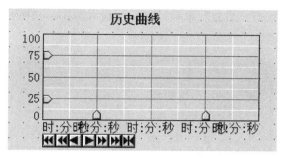

图 5.1.24　添加"历史曲线"构件

双击历史曲线构件，弹出"历史曲线构件属性设置"窗口，如图 5.1.25 所示。

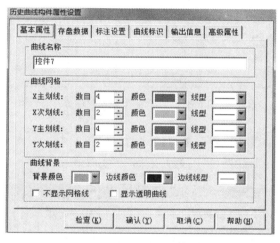

图 5.1.25　"历史曲线构件属性设置"窗口

在"历史曲线构件属性设置"窗口的"存盘数据"中，按图 5.1.26 所示设置"组对象对应的存盘数据"。

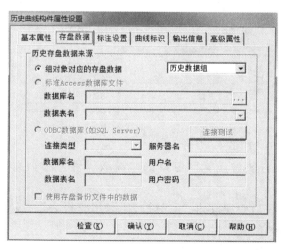

图 5.1.26　"存盘数据"设置

在"历史曲线构件属性设置"窗口的"标注设置"中，按图 5.1.27 所示设置"时间单位"和"时间格式"。

图 5.1.27　"标注设置"设置

在"历史曲线构件属性设置"窗口的"曲线标识"中，按图 5.1.28 所示设置"曲线内容""曲线线型""曲线颜色""最大坐标""实时刷新"。

图 5.1.28　"曲线标识"设置

在"历史曲线构件属性设置"窗口的"高级属性"中，按图 5.1.29 所示进行设置。

在"数据显示"窗口中完成的"实时报表""历史报表""实时曲线""历史曲线"画面如图 5.1.30 所示。

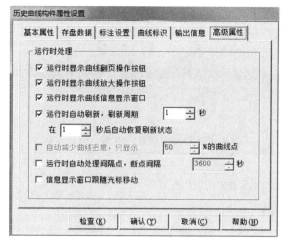

图 5.1.29　"高级属性"设置

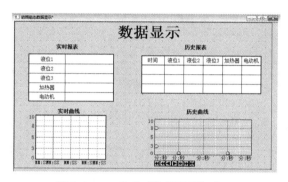

图 5.1.30　完成"数据显示"窗口

### 5.1.3　实训操作

（1）实训目的

1）熟悉工程建立、组态的过程和方法。

2）会工程建立、组态。

3）会制作数据报表。

4）会制作曲线。

5）会编写循环脚本程序。

6）会触摸屏与三菱 FX 系列 PLC 的连机运行。

（2）实训设备

计算机（安装有 PLC 编程软件、MCGS 嵌入版组态软件）、FX2N-16MR 型三菱 PLC、TPC7062KD 触摸屏、TPC-FX 和 USB-TPC（D）通信电缆、开关板（600mm×600mm）、熔断器、交流接触器、热继电器、组合开关、行程开关、导线等。

（3）任务要求

根据单元 4 课题 4.2 实训操作中的任务要求完成水塔液位、水池液位的"实时报表""历史报表""实时曲线""历史曲线"的制作，并连机运行。

（4）注意事项

1）通电前必须在指导教师的监护和允许下进行。

2）要做到安全操作和文明生产。

3）触摸屏通道一定要与PLC程序地址对应，否则不能正常运行。

（5）评分

评分细则见评分表。

"报表与曲线实训操作"技能自我评分表

| 项　目 | 技术要求 | 配分/分 | 评分细则 | 评分记录 |
|---|---|---|---|---|
| 工作前的准备 | 清点实训操作所需的设备器件 | 5 | 每漏检或错检一件，扣1分 | |
| 绘制I/O地址分配表和接线图 | 正确绘制I/O地址分配表和接线图 | 5 | 地址遗漏，每处扣1分<br>接线图绘制错误，每处扣1分 | |
| 安装接线 | 按照PLC控制I/O接线图正确、规范安装线路 | 10 | 线路布置不整齐、不合理，每处扣2分<br>接线不规范，每根扣0.5分<br>不按I/O接线图接线，每处扣5分<br>损坏元件，每个扣5分 | |
| PLC程序设计 | 1. 按照控制要求设计梯形图<br>2. 将程序熟练写入PLC中 | 20 | 不能正确达到功能要求，每处扣5分<br>地址与I/O分配表和接线图不符，每处扣5分<br>不会将程序写入PLC中，扣10分<br>将程序写入PLC中不熟练，扣10分 | |
| MCGS组态设计 | 1. 按照任务要求设计控制画面<br>2. 元件属性设置熟练<br>3. 组态设备熟练<br>4. 会制作报表<br>5. 会制作曲线<br>6. 会编写循环脚本程序 | 30 | 不会设计组态画面，此项不得分<br>达不到控制要求，每处扣5分<br>界面不美观，扣5分<br>不会组态设备，扣10分<br>组态设备不熟练，扣5分<br>不会制作报表，每个扣5分<br>不会制作曲线，每个扣5分<br>不会编写循环脚本程序，扣10分 | |
| 运行调试 | 正确运行调试 | 10 | 不会联机调试程序，扣10分<br>联机调试不熟练，扣5分<br>不会监控调试，扣5分 | |
| 清洁 | 设备器件、工具摆放整齐，工作台清洁 | 10 | 乱摆放设备器件、工具，乱丢杂物，完成任务后不清理工位，扣10分 | |
| 安全生产 | 安全着装，按操作规程安全操作 | 10 | 没有安全着装，扣5分<br>操作不规范，扣5分<br>出现事故，总分计0分 | |
| 定额工时240min | 超时，此项从总分中扣分 | | 每超过5min，扣3分 | |

思　考　题

1. 什么是 MCGS 嵌入版组态软件数据报表？数据报表有哪几种形式？
2. 什么是 MCGS 嵌入版组态软件的实时曲线？
3. 什么是 MCGS 嵌入版组态软件的历史曲线？

# 课题 5.2　报警与安全机制

学习目标

1. 会工程建立、组态。
2. 会动态画面的组态。
3. 会设置实时报警和历史报警。
4. 会建立安全机制。
5. 会编写脚本程序。
6. 会触摸屏与三菱 FX 系列 PLC 的连机运行。

### 5.2.1　报警

MCGS 嵌入版组态软件把报警处理作为数据对象（数值型数据对象、开关型数据对象）的属性封装在数据对象内，由实时数据库自动分析处理。当数据对象的值或状态发生改变时，实时数据库判断对应的数据对象是否产生了报警或已产生的报警是否结束，并将所发生的报警信息通知给系统工程的其他部分。实时数据库根据用户的组态设定把报警信息存入指定的存盘数据库文件中。实时数据库只负责对报警进行判断、通知和存储三项工作，报警产生后所要进行的其他处理操作则需要用户在组态过程中制订方案，来完成该报警信息的使用和报警的显示等。

数值型数据对象有六种报警，即下下限报警、下限报警、上限报警、上上限报警、下偏差报警和上偏差报警。

开关型数据对象有四种报警方式，即开关量报警、开关量跳变报警、开关量正跳变报警和开关量负跳变报警。开关量报警时可以选择是开报警或者关报警。当一种状态为报警状态时，另一种状态就为正常状态。用户在使用时可以根据不同的需要选择一种或多种报警方式。

1. 定义报警

报警的定义在数据对象的属性页中进行，现以"液位"数值型数据对象为例介绍定义数据对象报警信息的过程。

1）在"实时数据库"中双击"液位"数据对象，弹出如图5.2.1所示的"数据对象属性设置"对话框。

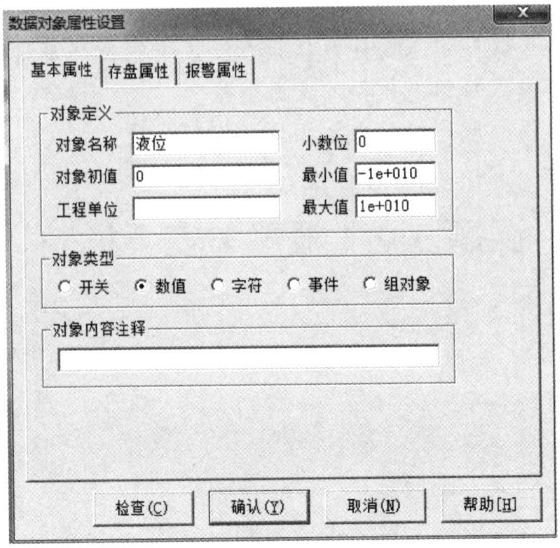

图5.2.1 "数据对象属性设置"对话框

2）在报警属性中勾选"允许进行报警处理"，再勾选"上限报警"，把报警值设置为9米，报警注释为"水满了"；再勾选"下限报警"，把报警值设置为1米，报警注释为"水没了"，如图5.2.2所示。

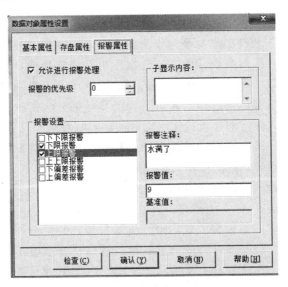

图5.2.2 报警属性设置

3）在存盘属性中勾选"自动保存产生的报警信息"，确认后完成数据对象属性的设置。

2. 实时报警设置

(1) 添加报警浏览构件

报警浏览构件的作用是显示实时的报警信息。双击"报警"窗口，进入"报警"窗口。在"报警"窗口中，首先添加一个"实时报警"的标签，然后在"工具箱"中单击"报警浏览"图标 ，拖放到窗口中适当的位置，放在"实时报警"标签的下面，如图 5.2.3 所示。

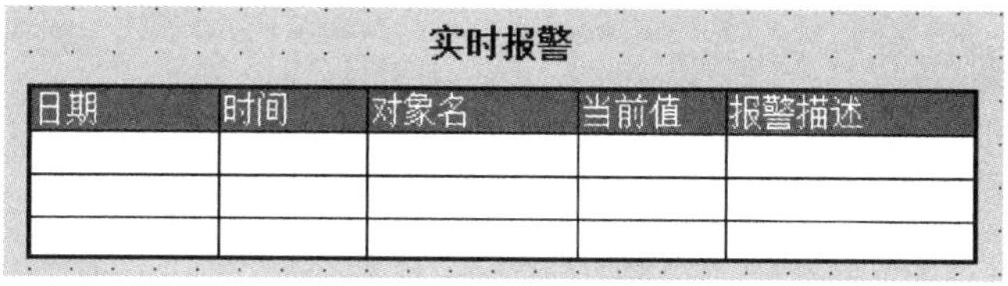

| 实时报警 | | | | |
|------|------|------|------|------|
| 日期 | 时间 | 对象名 | 当前值 | 报警描述 |
| | | | | |
| | | | | |

图 5.2.3  报警浏览构件

(2) 设置报警浏览构件

双击"报警浏览构件"，弹出如图 5.2.4 所示的"报警浏览构件属性设置"对话框。

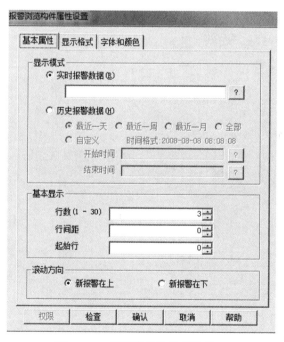

图 5.2.4  报警浏览构件属性设置

在"报警浏览构件属性设置"对话框的"基本属性"中，把"显示模式"的"实时报警数据"改为"液位"（如果需要多个液位报警，应该在实时数据库中建立液位组，方法同本单元课题 5.1 中数据组的建立），"基本显示"行数改为 3 行，"滚动方向"改为"新报警在上"，单击"确认"按钮，完成设置。

3. 历史报警设置

(1) 添加报警显示构件

报警显示构件的作用是显示历史报警信息。双击"报警"窗口，进入"报警"窗口。在"报警"窗口中，首先添加一个"历史报警"的标签，然后在"工具箱"中单击"报警显示"图标 ，拖放到窗口中适当的位置，放在"历史报警"标签的下面，如图 5.2.5 所示。

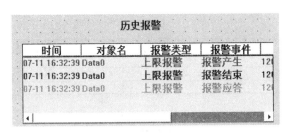

图 5.2.5　报警显示构件

(2) 设置报警显示构件

双击"报警显示构件"，弹出如图 5.2.6 所示的"报警显示构件属性设置"对话框。

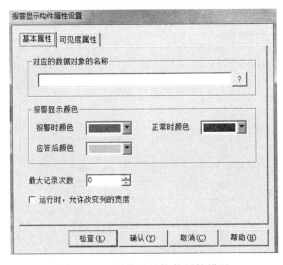

图 5.2.6　报警显示构件属性设置

在"报警显示构件属性设置"对话框的"基本属性"中，把"对应的数据对象的名称"改为"液位"（如果需要多个液位报警，应该在实时数据库中建立液位组，方法同本单元课题 5.1 中数据组的建立），"最大记录次数"改为"6"，勾选改为"运行时，允许改变列的宽度"，单击"确认"按钮，完成设置。

## 5.2.2　安全机制

MCGS 嵌入版组态软件提供了一套完善的安全机制，用户能够自由组态控制按钮和退出系统的操作权限，只允许有操作权限的操作员对某些功能进行操作。MCGS 嵌入版组态软件还提供了工程密码功能，来保护使用 MCGS 嵌入版组态软件开发取得的成果，开发者可利用这些功能保护自己的合法权益。

　　MCGS 嵌入版组态软件系统采用用户组和用户的概念来进行操作权限的控制。在 MCGS 嵌入版组态软件中可以定义多个用户组，每个用户组可以包含多个用户，同一用户可以隶属于多个用户组。操作权限的分配是以用户组为单位来进行的，而某个用户能否对这个功能进行操作取决于该用户所在的用户组是否具备对应的操作权限。

　　MCGS 嵌入版组态软件系统按用户组来分配操作权限，使用户能方便地建立多层次的安全机制。例如，实际应用中的安全机制一般划分为操作员组、技术员组和负责人组，操作员组的成员一般只能进行简单的日常操作，技术员组负责工艺参数等功能的设置，负责人组能对重要的数据进行统计分析；各组的权限各自独立，但某用户可能因工作需要而要求能进行所有的操作，则只需把该用户设置为同时隶属于三个用户组即可。

　　1. 定义用户和用户组

　　在 MCGS 嵌入版组态软件组态环境中，选取"工具"菜单中的"用户权限管理"菜单项，弹出如图 5.2.7 所示的用户管理器窗口。

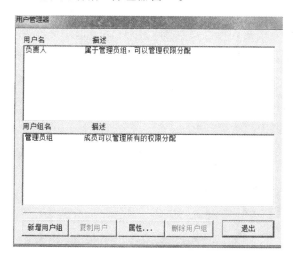

图 5.2.7　用户管理器窗口

　　在 MCGS 嵌入版组态软件中固定有一个名为"管理员组"的用户组和一个名为"负责人"的用户，它们的名称不能修改。管理员组中的用户有权限在运行时管理所有的权限分配工作，管理员组的这些特性是由 MCGS 嵌入版组态软件系统决定的，其他所有用户组都没有这些权限。

　　用户管理器窗口上半部分为已建用户的用户名列表，下半部分为已建用户组的列表。当用鼠标激活用户名列表时，窗口底部显示的按钮是"新增用户""复制用户""删除用户"等对用户操作的按钮；当用鼠标激活用户组名列表时，在窗口底部显示的按钮是"新增用户组""删除用户组"等对用户组操作的按钮。单击"新增用户"按钮，弹出"用户属性设置"窗口，在该窗口中用户对应的密码要输入两遍，用户隶属的用户组在下面的列表框中选择。当在用户管理器窗口中按"属性"按钮时弹出同样的窗口，可以修改用户密码和所属的用户组，但不能够修改用户名。

单击"新增用户组"按钮，可以添加新的用户组，选中一个用户组时会出现"用户组属性设置"窗口，如图5.2.8所示，在该窗口中可以选择该用户组包括哪些用户。

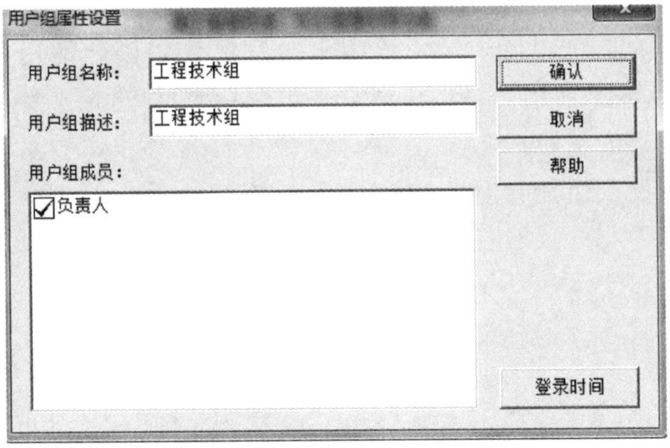

图5.2.8　用户组属性设置

单击"新增用户"按钮，可以添加新的用户名，选中一个用户时会出现"用户属性设置"窗口，如图5.2.9所示，在该窗口中可以选择该用户隶属于哪个用户组。

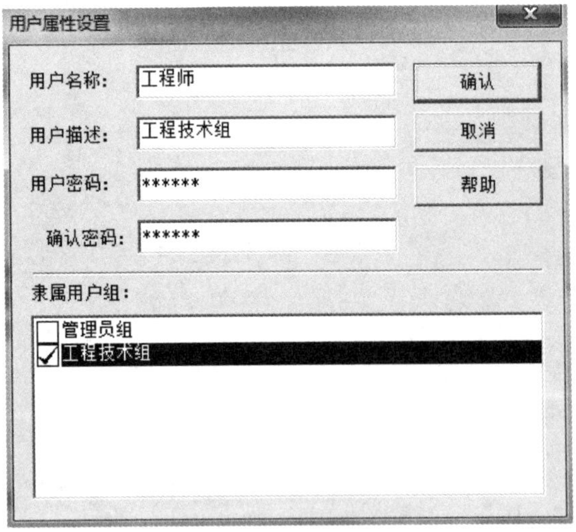

图5.2.9　用户属性设置

## 2. 权限设置

为了保证工程能够安全、稳定、可靠地工作，防止与工程系统无关的人员进入或退出工程系统，MCGS嵌入版组态软件系统提供了工程运行时进入和退出工程的权限管理。打开 MCGS 嵌入版组态软件组态环境，在 MCGS 嵌入版组态软件主控窗口中设置"系统属性"，进入如图 5.2.10 所示的"主控窗口属性设置"窗口，设置系统进入和退出时是否需要用户登录。其中共有四种组合，即"进入不登录，退出登录""进入登录，退出不登录""进入不登录，退出不登录"和"进入登录，退出登录"。

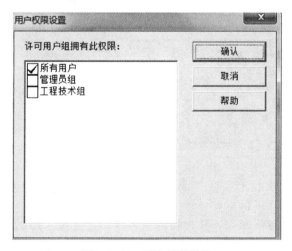

图 5.2.10  主控窗口属性设置

作为默认设置，能对某项功能进行操作的为所有用户，如果不进行权限组态，则权限机制不起作用，所有用户都能对其进行操作。

单击"权限设置"，弹出如图 5.2.11 所示的"用户权限设置"窗口，在"用户权限设置"窗口中把对应的用户组选中（方框内打钩表示选中），则该组内的所有用户都能对该项工作进行操作。

**注意**：一个操作权限可以配置多个用户组。

图 5.2.11  用户权限设置

3. 运行时改变操作权限设置

MCGS嵌入版组态软件的用户操作权限在运行时才体现出来。某个用户在进行操作之前首先要进行登录，登录成功后该用户才能进行所需的操作，完成操作后退出登录，使操作权限失效。用户登录、退出登录、运行时修改用户密码和用户管理等功能都需要在组态环境中进行一定的组态工作，在脚本程序使用中MCGS嵌入版组态软件提供的四个内部函数可以完成上述工作。

（1）进入登录函数!Log On（）

在脚本程序中执行该函数，弹出MCGS嵌入版组态软件登录窗口。从用户名下拉框中选取要登录的用户名，在密码输入框中输入用户对应的密码，按回车键或确认按钮，如输入正确则登录成功，否则会出现对应的提示信息。按"取消"按钮停止登录，如图5.2.12所示。

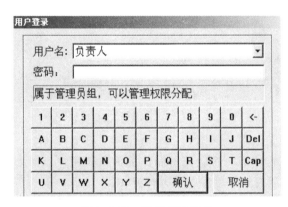

图 5.2.12　登录提示信息

（2）退出登录函数!Log Off（）

在脚本程序中执行该函数，弹出提示框，提示是否要退出登录，选择"是"则退出，选择"否"则不退出。退出登录提示框如图5.2.13所示。

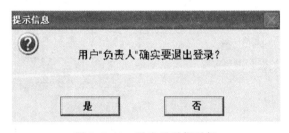

图 5.2.13　退出登录提示框

（3）修改密码函数!Change Password（）

在脚本程序中执行该函数，弹出修改密码窗口。先输入旧的密码，再输入两遍新密码，按"确认"键，即可完成当前登录用户的密码修改工作。修改密码提示框如图5.2.14所示。

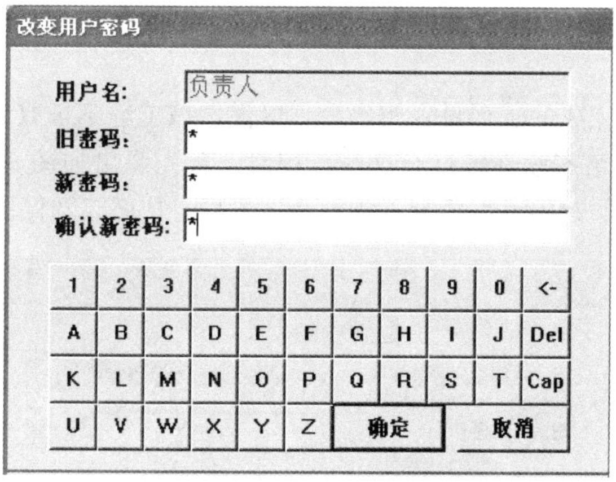

图 5.2.14　修改密码提示框

（4）用户管理函数!Editusers（ ）

在脚本程序中执行该函数，弹出用户管理器窗口，允许在运行时增加、删除用户或修改用户的密码和所隶属的用户组。

**注意**：只有在当前登录的用户属于管理员组时该功能才有效。运行时不能增加、删除或修改用户组的属性。用户管理器提示框如图 5.2.15 所示。

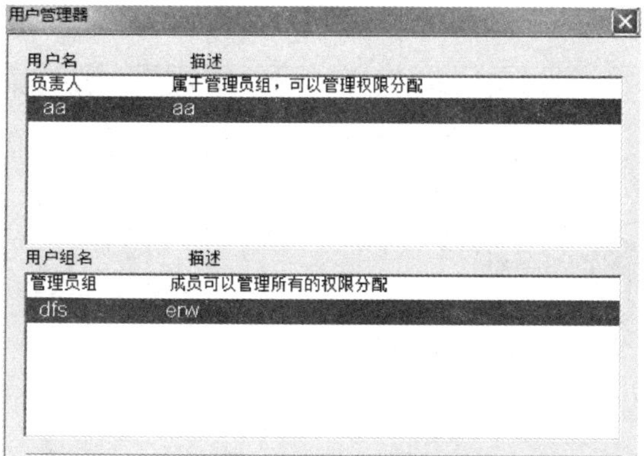

图 5.2.15　用户管理器提示框

在实际工程中当需要进行操作权限控制时，一般都在用户窗口中增加四个按钮，即登录用户、退出登录、修改密码和用户管理，在每个按钮属性窗口的脚本程序属性页中分别输入四个函数!Log On（ ）、!Log Off（ ）、!Change Password（ ）、!Editusers（ ），这样运行时就可以通过这些按钮来进行登录等工作了。

### 5.2.3　工程安全管理

使用 MCGS 嵌入版组态软件工具菜单中"工程安全管理"菜单项的功能可以对工程（组态所得的结果）进行各种保护工作，该菜单项包括工程密码设置。

**1. 工程密码**

给正在组态或已完成的工程设置密码，可以保护该工程不被其他人打开使用或修改。当使用 MCGS 嵌入版组态软件来打开这些工程时，首先弹出如图 5.2.16 所示的输入框，要求输入工程密码，如密码不正确则不能打开该工程，从而起到保护劳动成果的作用。

图 5.2.16　输入工程密码提示框

**2. 工程密码属性设置**

在"工具"下拉菜单中单击"工程安全管理"，选择"工程密码设置"，弹出如图 5.2.17 所示的"修改工程密码"窗口。修改密码完成后单击"确认"按钮，工程加密即可生效，下次打开工程时则需要输入密码。

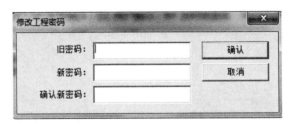

图 5.2.17　修改工程密码窗口

### 5.2.4　实训操作

（1）实训目的

1）熟悉工程建立、组态的过程和方法。

2）会工程建立、组态。

3）会设置实时报警和历史报警。

4）会建立安全机制。

5）会编写循环脚本程序。

6）会触摸屏与三菱 FX 系列 PLC 的连机运行。

（2）实训设备

计算机（安装有 PLC 编程软件、MCGS 嵌入版组态软件）、FX2N‑16MR 型三菱 PLC、TPC7062KD 触摸屏、TPC‑FX 和 USB‑TPC（D）通信电缆、开关板（600mm×

600mm)、熔断器、交流接触器、热继电器、组合开关、行程开关、导线等。

（3）任务要求

根据单元 4 课题 4.3 实训操作中的任务要求，完成液位、搅拌器、加液泵的"实时报警"和"历史报警"，以及工程项目的"安全机制""工程安全管理"的设置，并连机运行。

（4）注意事项

1）通电前必须在指导教师的监护和允许下进行。

2）要做到安全操作和文明生产。

3）触摸屏通道一定要与 PLC 程序地址对应，否则不能正常运行。

（5）评分

评分细则见评分表。

**"报警与安全机制实训操作"技能自我评分表**

| 项　目 | 技术要求 | 配分/分 | 评分细则 | 评分记录 |
|---|---|---|---|---|
| 工作前的准备 | 清点实训操作所需的设备器件 | 5 | 每漏检或错检一件，扣 1 分 | |
| 绘制 I/O 地址分配表和接线图 | 正确绘制 I/O 地址分配表和接线图 | 5 | 地址遗漏，每处扣 1 分<br>接线图绘制错误，每处扣 1 分 | |
| 安装接线 | 按照 PLC 控制 I/O 接线图正确、规范安装线路 | 10 | 线路布置不整齐、不合理，每处扣 2 分<br>接线不规范，每根扣 0.5 分<br>不按 I/O 接线图接线，每处扣 5 分<br>损坏元件，每个扣 5 分 | |
| PLC 程序设计 | 1. 按照控制要求设计梯形图<br>2. 将程序熟练写入 PLC 中 | 20 | 不能正确达到功能要求，每处扣 5 分 | |
| | | | 地址与 I/O 分配表和接线图不符，每处扣 5 分 | |
| | | | 不会将程序写入 PLC 中，扣 10 分 | |
| | | | 将程序写入 PLC 中不熟练，扣 10 分 | |
| MCGS 组态设计 | 1. 按照任务要求设计控制画面<br>2. 元件属性设置熟练<br>3. 组态设备熟练<br>4. 会设置报警<br>5. 会设置安全机制<br>6. 会编写循环脚本程序 | 30 | 不会设计组态画面，此项不得分 | |
| | | | 达不到控制要求，每处扣 5 分 | |
| | | | 界面不美观，扣 5 分 | |
| | | | 不会组态设备，扣 10 分 | |
| | | | 组态设备不熟练，扣 5 分 | |
| | | | 不会设置报警，每个扣 5 分 | |
| | | | 不会设置安全机制，每个扣 5 分 | |
| | | | 不会编写循环脚本程序，扣 10 分 | |
| 运行调试 | 正确运行调试 | 10 | 不会联机调试程序，扣 10 分<br>联机调试不熟练，扣 5 分<br>不会监控调试，扣 5 分 | |

续表

| 项　目 | 技术要求 | 配分/分 | 评分细则 | 评分记录 |
|---|---|---|---|---|
| 清洁 | 设备器件、工具摆放整齐，工作台清洁 | 10 | 乱摆放设备器件、工具，乱丢杂物，完成任务后不清理工位，扣10分 | |
| 安全生产 | 安全着装，按操作规程安全操作 | 10 | 没有安全着装，扣5分<br>操作不规范，扣5分<br>出现事故，总分计0分 | |
| 定额工时 240min | 超时，此项从总分中扣分 | | 每超过5min，扣3分 | |

# 思　考　题

1. MCGS嵌入版组态软件中有哪几种数据对象可以设置报警？分别有哪些报警方式？
2. 什么是MCGS嵌入版组态软件的安全管理？

## 主要参考文献

[1] 刘长国,黄俊强.MCGS嵌入版组态应用技术[M].北京:机械工业出版社,2017.

[2] 李庆海,王成安.触摸屏组态控制技术[M].北京:电子工业出版社,2015.

[3] 三菱电机.FX系列PLC编程手册(中文版)[Z].三菱,2017.

[4] 三菱电机.GX Developer Ver. 8 操作手册[Z].三菱,2014.

[5] 北京昆仑通态自动化软件科技有限公司.MCGS组态软件培训教程[Z].北京昆仑通态自动化软件科技有限公司,2008.

[6] 北京昆仑通态自动化软件科技有限公司.TPC7062KD使用手册[Z].北京昆仑通态自动化软件科技有限公司,2018.